精确制导技术应用丛书

Intelligentized Ammunition

智能化弹药

苗昊春　杨栓虎　袁　军　李海城　何　峻　罗　健　马清华　王　萧
崔得东　杨　镭　曹正茂　李贤振　吴　超　赵军伟　汤江河　朱鸿翔　编著

国防工業出版社
·北京·

图书在版编目(CIP)数据

智能化弹药/苗昊春等编著. -- 北京:国防工业出版社, 2014.2

(精确制导技术应用丛书)

ISBN 978-7-118-09248-6

Ⅰ.①智… Ⅱ.①苗… Ⅲ.①智能技术－应用－弹药－军事技术 Ⅳ.①E932

中国版本图书馆CIP数据核字(2013)第296616号

※

国防工业出版社 出版发行

(北京市海淀区紫竹院南路23号 邮政编码100048)

国防工业出版社印刷厂印刷

新华书店经售

★

开本 710×1000 1/16 **印张** 12.5 **字数** 215千字

2014年2月第1版第1次印刷 **印数** 1—20000册 **定价** 55.00元

国防书店:(010)88540777 发行邮购:(010)88540776

发行传真:(010)88540757 发行业务:(010)88540717

精确制导技术应用丛书

《智能化弹药》分册编审委员会

序 Prologue

智能化弹药是传统弹药向智能弹药发展过程中所形成的精确打击弹药。智能化弹药装备量大、应用范围广、作战使用灵活，在二次世界大战以来的历次现代战争中发挥了重要作用，也将对未来战争产生十分重要的影响。普及智能化弹药知识，对智能化弹药的运用和发展具有十分重要的意义。“精确制导技术应用丛书”之《智能化弹药》分册面向部队官兵，旨在通过普及智能化弹药知识，提高广大官兵应用智能化弹药打赢现代化战争的能力和素养。

《智能化弹药》一书分为七章。第一章介绍智能化弹药的基本概念、组成原理、发展历程和典型装备；第二章介绍反坦克导弹的分类、特点、发展过程以及代表产品；第三章介绍制导炮弹、制导火箭和制导炸弹的工作原理、作战使用特点和代表产品；第四章介绍灵巧弹药，尤其是末敏弹的工作原理、工作流程和使用特点；第五章介绍智能化弹药制导技术及应用特点，重点介绍制导部件、制导体制、制导方法及其应用；第六章介绍战场环境中智能化弹药的战术使用方法；第七章介绍智能化弹药的发展趋势，重点介绍新概念智能化弹药和新型弹药技术。全书对智能化弹药的基本概念、系统组成、工作原理、作战使用和发展状况等内容进行了较为全面的论述。

《智能化弹药》分册由总装备部精确制导技术专业组、兵器工业集团的部分专家和国防科技大学部分师生编写而成。全书内容丰富、详实，图文并茂，列举了许多智能化弹药的应用实例，全方位地展现了智能化弹药在现代战争中的角色和地位，具有实际意义。希望该书的出版能够得到广大官兵的喜爱，为广大官兵普及智能化弹药知识、掌握并运用好智能化弹药起到积极推动作用。

2013年9月

目　录

Contents

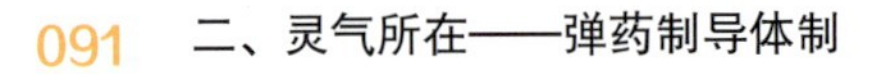

目　录

Contents

目 录

Contents

第一章 智能化弹药概述

一、基本概念

智能弹药是指具有信息获取、目标识别和毁伤可控能力的弹药，它可以自动搜索、探测、捕获和攻击目标，并对所选定的目标进行最佳毁伤。

智能化弹药是传统弹药向智能弹药发展过程中的产物，具备智能弹药的部分特征，智能化弹药主要包括反坦克导弹、制导弹药和灵巧弹药等。

（一）反坦克导弹

反坦克导弹，又称反装甲导弹，是一种携带破甲战斗部，依靠自身动力装置，由制导控制系统导向目标的战术导弹。按射程分类，可分为远程、中程和近程；按发射平台分有便携式、车载式和机载式；按制导体制分，有遥控制导、寻的制导、自主制导和复合制导等。下面以美国精确攻击导弹 PAM 为例，介绍反坦克导弹的组成。

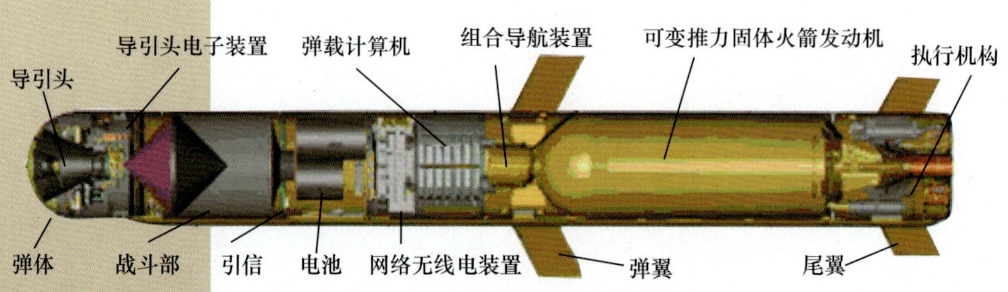

精确攻击导弹 PAM

反坦克导弹主要由导引头、战斗部、弹载计算机、组合导航装置、发动机、执行机构、引信、电源等组成。

反坦克导弹的“感官”包括导引头和组合导航装置。导引头的基本功能是获取目标信息，为导弹提供指引和导向，告诉导弹“向哪飞”，通常安装在导弹的头部。导引头工作体制有电视、红外、激光、射频等多种模式，可采用单模或多模组合。组合导航装置的作用则是指示导弹当前位置、速度、姿态等信息，确认“我在哪”。组合导航装置一般由惯导系统和卫星导航系统组合而成。导引头和组合导航装置为制导控制系统提供制导、控制信息。

弹载计算机是导弹的“大脑”，在它上面运行着导弹制导、导航与控制所需的软件，处理导弹各“感官”采集的信息，向执行机构发出控制指令。

执行机构是导弹的“手脚”，它接收制导控制系统发出的指令，并负责执行到位，一般有气动舵机、电动舵机、燃气舵机和开环、闭环控制等多种形式。

发动机是导弹的动力来源，由发动机壳体和燃料等组成，一般有固体火箭发动机和涡喷发动机等多种形式。

战斗部是导弹的“爪牙”，作为导弹的有效载荷被运送到目标位置，执行摧毁目标的任务，一般有攻坚、杀爆、破甲、穿甲、温压等多种形式。有的导弹依靠高速飞行储备的动能，采用直接碰撞方式摧毁目标，可将整个弹体视作战斗部。

所有组成部分有机地结合在一起并发挥作用，保证导弹实现各种功能，最终顺利命中目标。

（二）制导弹药

制导弹药是常规弹药制导化的产物，主要包括制导炮弹、制导火箭、制导炸弹、制导子弹药和巡飞弹等。

美国 XM982 制导炮弹采用卫星 / 惯性导航（GPS/INS）制导技术，使普通炮弹获得更高的精度，同时又可利用原有的火炮发射平台，使用和维护简单，从而极大地提升了常规武器平台的精确打击能力。

XM982 制导炮弹

远程与航空制导火箭

（三）灵巧弹药

灵巧弹药，具有信息感知与处理、推理判断与决策、执行某种动作与任务等功能，诸如搜索、探测和识别目标；控制和改变自身状态；选择所要攻击的目标甚至攻击部位和方式；侦察、监视、评估作战效果和战场态势等。灵巧弹药主要包括末敏弹、智能雷等。

末敏弹

二、发展沿革

20世纪五六十年代，反坦克导弹、坦克炮发射制导炮弹、固定翼飞机投射制导炸弹问世。发展背景主要是应对第二次世界大战以来大量投入陆战的坦克威胁；同时，美军在越南战场上的急需和激光半主动制导技术的突破，使得制导炸弹迅速发展并投入实战使用。

这期间的反坦克导弹，采用目视瞄准、跟踪，手控，有线指令制导体制，典型装备有苏联的3M6（AT-1）和法国的SS-11等；制导炸弹采用激光半主动制导体制，典型装备有美国的“宝石路”。

从20世纪70年代到90年代初，美、苏冷战过程中两大阵营的装甲集群对抗加速了智能化弹药的发展，直升机发射的空地导弹、大口径火炮发射的末制导炮弹、弹炮一体防空武器相继问世；反坦克导弹及制导炮弹升级换代、制导炸弹作战性能大幅提升。

反坦克导弹方面，换代装备了第二代反坦克导弹，武器概念为光学瞄准、筒式发射、红外跟踪、三点法导引、有线指令传输、半自动制导。典型产品有美国“陶”式、欧洲“米兰”和“霍特”；由地面发射的反坦克导弹装上直升机使用，发展到为直升机研制专用的空地导弹。典型产品有美国的“海尔法”（Helldire）空地导弹，制导体制为激光半主动。美国为固定翼飞机研制了可以攻击地面装甲目标的反坦克导弹“幼畜”（Maverick），采用电视图像、激光半主动制导体制。

末制导炮弹的典型产品有美国155mm火炮发射的“铜斑蛇”和俄罗斯152mm火炮发射的“红土地”，制导体制均为激光半主动。

制导炸弹依然采用激光半主动制导体制，但性能和命中精度提升，美国装备了“宝石路”Ⅱ、“宝石路”Ⅲ，俄罗斯装备了KAB-500和KAB-1500。

在坦克炮发射的炮射导弹方面，苏联装备了100mm的“巴基斯昂”以及125mm的“柯布拉”，制导体制均为激光驾束。

从冷战结束、海湾战争、伊拉克战争到现在，精确制导弹药已经成为局部战争中主要使用的弹药，制导火箭弹、无人机发射的空地导弹问世，GPS/INS制导等新技术得到了广泛应用，反坦克导弹、空地导弹、制导炸弹、制导炮弹均实现升级换代，美、俄基本建成了各自的对地精确打击智能化弹药装备体系。

在反坦克导弹方面，美国换代装备了红外成像自动导引的“标枪”单兵反坦克导弹，俄罗斯不仅列装了激光驾束制导的“短号”－3，还列装了以步兵战车为底盘的射程6km，毫米波跟踪、激光驾束制导的“菊花”–C自行多用途导弹，以色列列装了光纤图像制导的“长钉”系列反坦克导弹。

在制导火箭方面，美国列装了由多管火箭炮发射、GPS/INS制导的XM30、XM31制导火箭弹，俄罗斯列装了多管火箭炮发射的300mm简易控制火箭弹。

在直升机载空地导弹方面，美国换代列装了毫米波制导的AGM–114L“长弓－海尔法”、俄罗斯换代列装了射程15km、惯性＋无线电指令＋激光半主动制导的“赫尔墨斯”–A空地导弹，美国还列装了无人机发射的AGM–114P“海尔法”空地导弹。

在其他智能化弹药方面，美国升级装备了GPS/INS制导的“杰达姆”制导火箭，换代列装了GPS/INS制导的XM982“神剑”制导炮弹。

国外相关的智能化弹药典型产品见下表。

国外典型智能化弹药一览表

弹种	名称	制导方式	国别	现状	备注
反坦克导弹	“标枪”（Javelin）	红外成像	美国	装备	便携
	“长钉”（Spike） NT-G NT-S NT-D	光纤图像制导	以色列	装备	便携 车载 机载
	中程崔格特 远程崔格特	激光驾束 红外成像	欧导集团	在研	便携、车载 车载、机载
	“短号”	激光驾束	俄罗斯	装备	三脚架、车载
	“蝰蛇”	电视制导	以色列	装备	车载

（续）

弹种	名称	制导方式	国别	现状	备注
反坦克导弹	先进动能导弹 ADKEM	激光驾束	美国	在研	车载、机载
	AGM-154 JSOW	GPS+INS	美国	装备	机载
	“幼畜”/ C、E /A、B /D、F、G /H	激光半主动 电视制导 红外成像 毫米波雷达	美国	装备	机载
	AGM-84SLAM	GPS+INS	美国	装备	机载
	BGM-109TLAM	GPS+INS+ 地形匹配 + 末段寻的	美国	装备	机载
	JCM 联合通用导弹	多模复合	美国	在研	机载
	“海尔法”	激光半主动 毫米波雷达	美国	装备	车载、机载 机载
	“旋涡”	激光驾束	俄罗斯	装备	机载
	“阿达茨”	激光驾束	瑞士、美国	装备	防空 / 反坦克
	EFOG-M	光纤制导	美国	装备	反坦克 / 反直升机
	Polyphem	光纤制导	欧导集团	装备	反坦克 / 反直升机
	MAC-MP	光纤制导	巴西	定型	反坦克 / 反直升机
	“网火”（PAM/ LAM）	激光半主动 红外复合 / 激光主动成像	美国	在研	
	“赫尔墨斯”	惯性 + 激光半主动	俄罗斯	在研	

（续）

弹种	名称	制导方式	国别	现状	备注
制导弹药	9M117/9M119	激光驾束	俄罗斯	装备	末制导炮弹
	坦克增程弹药 TERM	毫米波雷达 激光半主动 红外成像	美国	在研	末制导炮弹
	LAHAT	激光半主动	以色列	装备	末制导炮弹
	“铜斑蛇”	激光半主动	美国	装备	制导炮弹
	“红土地” “红土地”-M	激光半主动	俄罗斯	装备	制导炮弹
	“米尺”	激光半主动	俄罗斯	装备	制导炮弹
	XM982	INS/GPS 组合	美国	在研	制导炮弹
	“快看” （Quicklook）	组合制导	美国	在研	制导炮弹
	Strix	红外成像	瑞典	装备	末制导迫弹
	“莫林”	毫米波雷达	英国	定型	末制导迫弹
	PGMM	红外 激光	美国	在研	末制导迫弹
	“勇敢者” （Smelchak）	激光半主动	俄罗斯	装备	末制导迫弹
	“宝石路” 系列	激光半主动	美国	装备	制导炸弹
	JDAM	GPS+INS	美国	装备	制导炸弹
	EGBU-27	GPS/ 激光 半主动	美国	装备	制导炸弹
	AGM-130	电视 / 红外	美国	装备	制导炸弹

（续）

弹种	名称	制导方式	国别	现状	备注
灵巧弹药	“蝙蝠”BAT	双色红外 / 声频探测	美国	定型	制导子弹药
	低成本反装甲子弹	激光雷达成像	美国	在研	制导子弹药
	“摩克利斯”（Damocles）	红外 / 毫米波雷达	美国	在研	制导子弹药

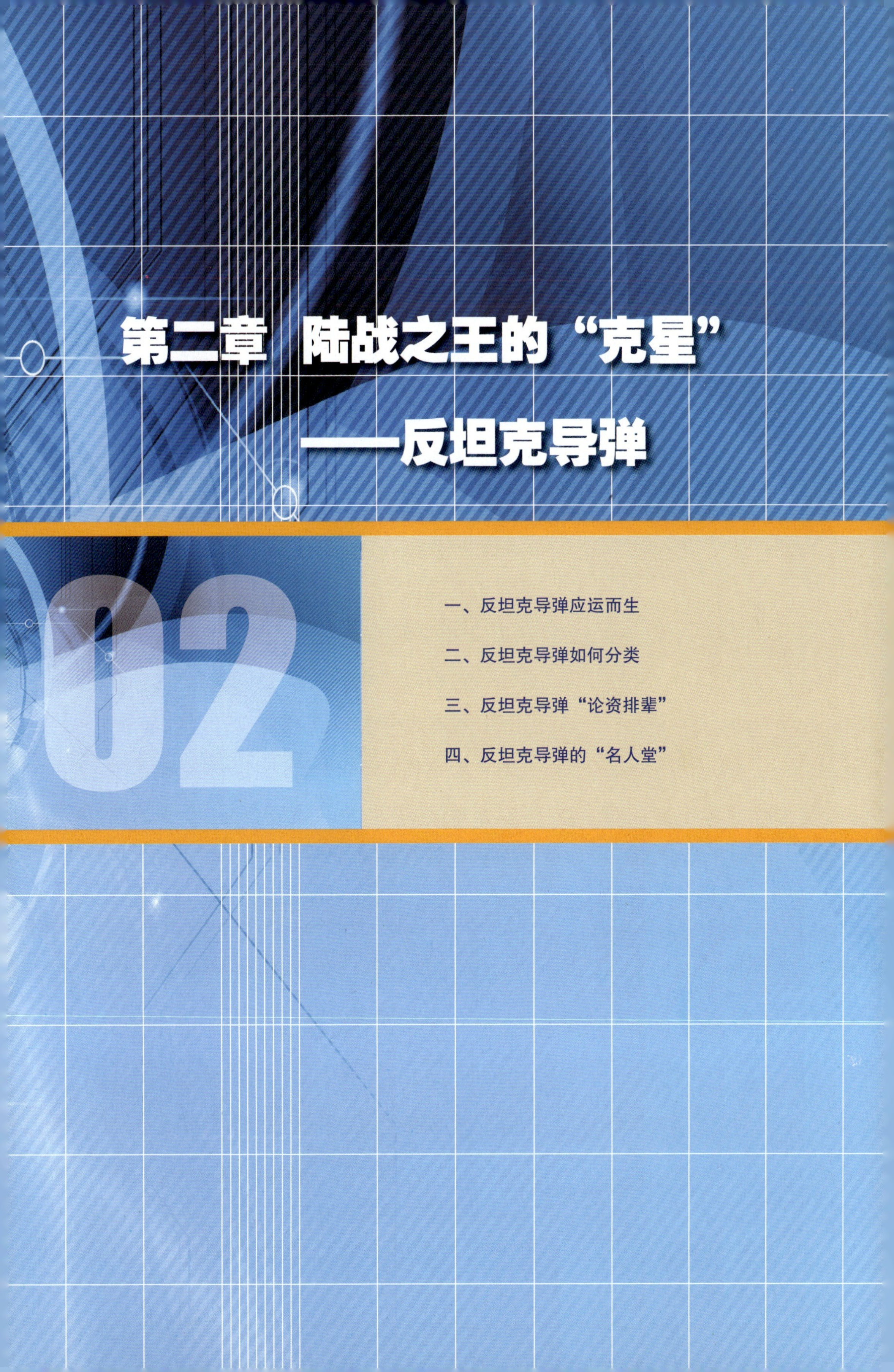

第二章 陆战之王的“克星”——反坦克导弹

02

一、反坦克导弹应运而生

众所周知，坦克具有强大的火力、机动力和装甲防护能力，一经问世就作为陆战的突击力量，迅速登上“陆战之王”的宝座。火箭筒、无后坐力炮、反坦克炮等反坦克武器库中的“老三件”，虽然也曾使坦克部队惧怕三分，但是并未从根本上撼动“陆战之王”的地位。

第二次世界大战后期，德国对于盟军坦克数量的剧增深表忧虑，于是制定了一项研制新式反坦克武器的应急计划，代号为“小红帽”。这项研究的领头人是瓦勒教授，他带领一批科学家经过艰苦攻关，于 1944 年底试验成功世界上第一枚有线制导的反坦克导弹，定名为 X-7，俗称“小红帽”。可是，这种反坦克导弹还没来得及批量生产和装备部队，德国便一败涂地。但是谁也没有想到，正是这种看似“短命”的反坦克导弹，却成为反坦克武器从“无控”到“有控”的里程碑，一个属于反坦克导弹的时代悄然来临。

第二次世界大战后的 1946 年，深受德国装甲部队“闪电战”之苦的法国开始投入力量研制反坦克导弹。1949 年，法国北方航空公司研制的“SS-10”反坦克导弹试验成功并于 1955 年装备部队，法国因此而成为世界上第一个建立反坦克导弹部队的国家。

反坦克导弹因第四次中东战争而出名，在这场战争中，苏制反坦克导弹“萨格”AT-3“一鸣惊人”。

“萨格”AT-3在苏联称作CIM14，20世纪60年代中期开始在苏军中服役，1965年在红场阅兵首次公开亮相。该导弹的射程为500m~3000m，能穿透150mm的均质钢板，在第一代反坦克导弹中属于出类拔萃者。

1973年10月6日下午2时，埃及人突然从苏伊士运河西岸发动强大攻势，强渡苏伊士运河，在以色列人认为坚不可摧的“巴列夫防线”上打开了许多缺口。

以色列军队为了防止埃军第二波渡河部队的攻击行动，在开战当天夜里就用坦克部队发动了反击，双方的战斗极为惨烈。埃及“萨格”反坦克导弹操纵手阿卜杜勒·阿·阿奇和另外两名操纵手隐藏于西奈半岛纵深17km处，领受的战斗任务是消灭以军坦克，阻止渡河部队前进。

当这三名士兵发现以军5辆M-60式坦克向他们驶来时，他们选择了最佳的发射时机，相继发射了3枚“萨格”导弹，准确无误地击中了3辆坦克，另外两辆坦克见势不妙，立即掉头撤退。没过多久，又有3辆M-60式坦克冲了过来，他们又发射了“萨格”导弹，其中的两辆坦克起火，以军遗弃坦克慌忙撤退。在这一天的战斗中，三名埃军士兵凭借丰富的经验和高超的技术，用“萨格”导弹一举击毁以色列装甲部队的23辆坦克。战后，埃及国防部长伊斯梅尔将军在开罗战利品展览会上，称赞这三名士兵是“整个埃及士兵的榜样，是埃及人民的英雄”。

10月8日，以色列军队为了扭转不利战局，派出了“王牌部队”190装甲旅，增援固守在菲尔丹附近孤立据点的以军。在旅长亚古里上校的指挥下，120辆美国新式M-60型坦克组成坦克群，以每小时50km的速度向前推进，与埃及第2步兵师的先头部队遭遇后，以军先后发动三次攻击，都被埃军击退。更令亚古里旅长痛心的是，不仅进攻受阻，而且有35辆坦克被对方击毁，损失惨重，大出意料。但他已打红了眼，就将剩下的85辆坦克集结在第二防线，决心孤注一掷，与埃军决一死战。

埃军则采用诱敌深入的战术对付敌坦克群。他们派遣伏击部队，仅携带“萨格”导弹等轻型武器，隐蔽在以军前进道路的两侧，以逸待劳。

亚古里上校一向不把埃及军队放在眼里，根本没想到会中埋伏，只顾一个劲地往前冲，结果全旅85辆坦克，不知不觉全部钻进了埃军布置好的口袋里。

埃军一声令下，只见一枚枚反坦克导弹从隐蔽的沙丘、掩体后呼啸而出，和其他反坦克武器火力互相配合，像利剑一般射向以军坦克。战场上顷刻之间便硝烟弥漫、爆炸声此起彼伏。仅5min时间，以军的所有坦克便变成了一堆堆废铁，以军190旅全军覆没，亚古里旅长也成了埃军的俘虏。

根据估算，当时的一枚反坦克导弹约2000～3000美元，一辆主战坦克至少25万美元。各国军事家一致认为，用反坦克导弹对付坦克非常合算。军事评论家惊呼，反坦克导弹的大量使用，使坦克主宰战场的时代一去不复返了。

二、反坦克导弹如何分类

（一）按射程分

反坦克导弹按射程分类，可分为远程、中程和近程。

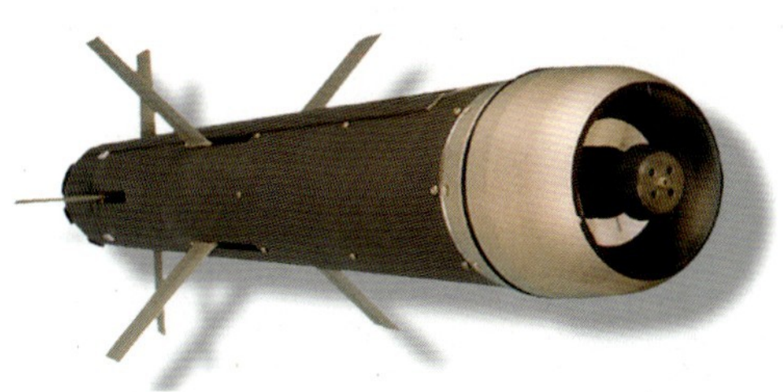

以色列长钉中程、远程反坦克导弹（射程 4km）

远程：射程一般在 6km 以上，一般为超视距间瞄武器，如美国的“海尔法”导弹，射程为 8km。

中程：射程一般在 2~6km，一般为直瞄武器，如美国的“陶”、法国的“米兰”，以色列的“长钉”等。

近程：射程一般在 2km 以内，甚至为几十米，如法国的“红沙蛇”和俄罗斯的“米基斯”等。

法国“红沙蛇”反坦克导弹及其发射器（射程 600m）

（二）按发射平台分

反坦克导弹按发射平台分为便携式、车载式和机载式。

典型的便携式产品有美国的“标枪”(Javelin)、“龙”（Dragon），法国的“米兰”（Milan），法德英的“崔格特”（TRIGAT-MR）等。

龙式导弹作战使用场景

米兰反坦克导弹武器系统

典型的车载式产品有美国的“陶”（TOW）和法国的“霍特”（HOT）。

不同底盘的“霍特”车载炮塔

机载式又可细分为直升机机载式、固定翼机载式和无人机机载式。美国的“海尔法”导弹先后装备于直升机和无人机，美国的“幼畜”和英国的“硫磺石”（Brimstone）则大量装备于固定翼飞机。

携带“海尔法”导弹的AH-64D长弓阿帕奇直升机

携带“幼畜”（AGM-65）导弹
的 F-16D 战斗机

“硫磺石”空对地反坦克导弹

值得注意的是，在实际发展中，一种型号常常被扩展到多种平台使用，如美国的“陶”实际上既有便携式，也有直升机机载式；中国的“红箭”8反坦克导弹也先后发展了便携、车载、直升机机载三型产品。

车载 AGM-114K“海尔法”导弹

三、反坦克导弹“论资排辈”

反坦克导弹的发展历史大体上可分为三个阶段。第一阶段约在20世纪50年代到60年代，其主要产品为第一代手控的反坦克导弹；第二阶段约在70年代到80年代，此阶段的主要产品是红外半自动有线制导的反坦克导弹；第三阶段是80年代后期至今，典型特点是“打了不管”。

（一）第一代反坦克导弹

采用目视瞄准，手动操纵。由于射手的反应能力低，故弹速不能太快，导致射手暴露时间长，安全性低。另外由于导弹制导回路的校正由人脑完成，故射手训练困难，命中精度低，射击死区大。当前这一代反坦克导弹已基本退役。

（二）第二代反坦克导弹

采用了三点法半自动瞄准线指令制导方式，射手只需保持将瞄准具十字线压在目标上，即可保证命中目标。由于是半自动操作，弹速允许提高。这样，一方面使导弹飞行时间缩短，减少了射手暴露时间，缩短了最小使用射程；另一方面也允许减小翼面、舵面尺寸，采用折叠翼或卷弧翼，管式发射，从而提高了可靠性。这种制导方式的缺点是，在导弹的飞行过程中，射手需一直瞄准目标，所以有可能遭到敌方的攻击。由于目标和导弹同时存在于测角仪视场内，因此对方可通过施放红外诱饵，对发射方进行干扰。

为了解决坦克正面装甲太厚，难于攻击的困难，一些二代反坦克导弹采用了掠飞攻顶方案。此方案令导弹在瞄准线上方一定高度飞行，当导弹接近目标时，向下斜置的破甲或爆炸成型战斗部被启动，直接攻击目标顶装甲，这样可以大大提高对装甲目标的毁伤效能。目前采用此方案的典型反坦克导弹有美国的 TOW-2B，“掠夺者”（Predator）及瑞典的比尔（Bill）反坦克导弹等。

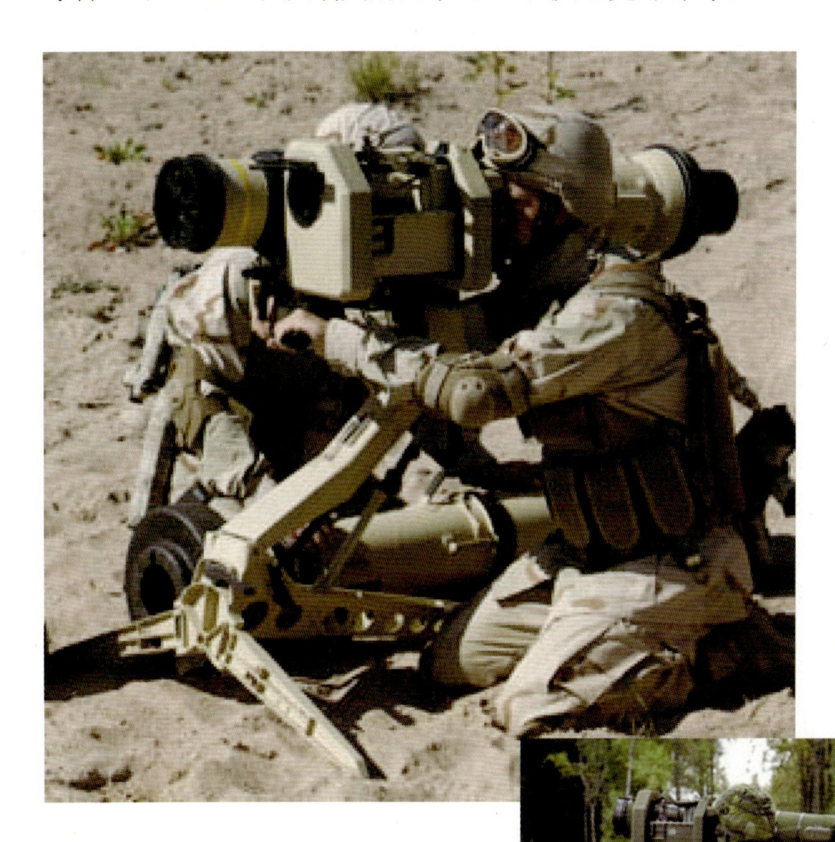

比尔（Bill）反坦克导弹

为了提高“二代”反坦克导弹的抗干扰能力，还研制开发了激光驾束和激光半主动两种反坦克导弹。

激光驾束反坦克导弹，采用了“三点法”半自动指令制导方式，但此时导弹偏离瞄准线的偏差不是由测角仪测出，而是由导弹从调制后的激光束内得到的。由于此时目标处施放的诱饵无法干扰偏差测量信号，故此类导弹的抗干扰能力较强。

激光半主动反坦克导弹，采用了“比例导引”激光半主动寻的制导方式，其目标由前方观察所的照射手通过激光照射器指示。导弹发射后射手可马上隐蔽，从而使射手的安全性大大提高，但照射手在导弹击中目标前的十几秒时间内仍需维持瞄准照射，故仍存在照射手安全问题。

（三）第三代反坦克导弹

第三代反坦克导弹采用多种制导方式，如电视或红外图像制导、毫米波制导和多模复合制导等，代表着反坦克导弹的发展方向，主要特点是“打了不管”，曲射攻顶，射手安全性高。另外，由于节省了射手跟踪目标的时间，因此射速也可大幅提高。

四、反坦克导弹的“名人堂”

反坦克导弹是制导方式、产品种类最多的战术导弹之一，装备数量大，应用范围广，可谓“名人”辈出。

（一）“陶”导弹

“陶”（TOW）导弹是一种光学瞄准、跟踪，红外半自动有线指令制导的反坦克导弹，早期发展的是步兵兵组便携式反坦克导弹系统，用以攻击装甲车辆和坦克等目标，必要时也可攻击碉堡、防御工事等硬目标。

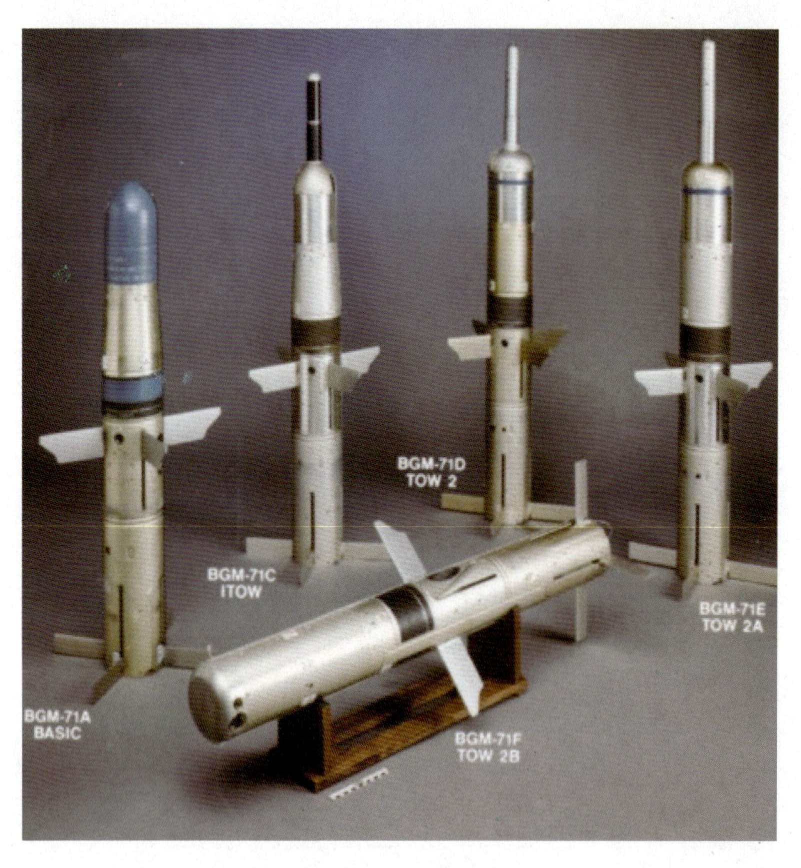

“陶”反坦克导弹家族

后来在便携武器系统基础上，又发展了车载武器系统和直升机载武器系统。自1970年“陶”导弹装备美国陆军以来，已形成系列化产品，累积生产约50万发，向43个国家出口，曾在越南战争、中东战争和海湾战争中多次使用，发挥了巨大的作用。

在第四次中东战争的开头三天，“萨格”导弹的出色表现，使以色列装甲兵一些军官认识到：190装甲旅的惨败，既吃亏于离开其他军兵种的密切配合，也吃亏于缺乏足够的反坦克导弹。于是，以色列政府向美国政府紧急求援。美国政府迅速派C-130运输机，把在联邦德国拉姆施泰因基地等处的“陶”和“龙”两种反坦克导弹迅速运往以色列。

10月14日，掌握了战局主动权的埃及军队开始对以色列军队发动总攻，没想到幸运之神从这天开始又悄悄地离开了他们。以色列人根据自己手头两种反坦克导弹数量不多的实际情况，采取了与前一段时间不同的新战术，进行反坦克防御战，以坦克打坦克为主，以反坦克导弹打坦克为辅。以军在防御阵地构筑了大量的坦克掩体，坦克在这些掩体中利用主炮来打击埃军装甲部队，打一枪换一个地方，使对方的“萨格”导弹无法准确地捕捉目标。以军的反坦克手则隐蔽在防御阵地的纵深地带，利

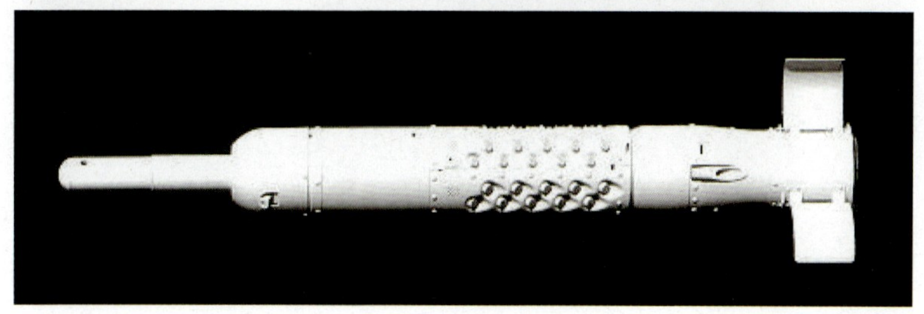

“龙”反坦克导弹

用“龙”和“陶”反坦克导弹，灵活机动地对埃军坦克进行攻击。

埃军的“萨格”反坦克导弹虽不怕电子干扰，但由于采用目视有线制导，瞄准需要10s~15s时间，操纵手往往成为敌方打击的目标。如果操纵手为躲避打击而低一下头，那么导弹瞄准就要受到影响。因此，在以军各类火力交叉压制下，埃军的“萨格”导弹再也无法施展绝技。

“陶”和“龙”均属于第二代反坦克导弹，在一些主要性能上已超越第一代。“陶”由美国休斯公司研制，20世纪60年代末定型投产，70年代初装备部队，其综合性能在第二代反坦克导弹中属于佼佼者。第一代反坦克导弹的射程小，近距离射击死区很大，“陶”导弹显著扩大了有效射击范围，最大射程达到3000m，最小射程缩减到65m，飞行速度平均可达350m/s。导弹重19kg，弹径152mm，发射方式灵活，既可步兵便携发射，也可车载发射，还可在直升机上发射，破甲厚度达500mm，制导方式改为有线半自动制导。它的发射制导设备包括瞄准具、红外测角仪、指令计算机和发射架等。

“陶”导弹的发动机燃烧时，没有明显的烟迹。导弹飞行时，目视观察导弹的工作由红外测角仪所代替，提高了射击的命中率。

面对埃军的大规模进攻，以军扬长避短，充分发挥自己的优势，仅用两个小时，就用坦克炮火和“陶”导弹击毁对方260辆坦克，其中约有50%是“陶”导弹击毁的。

早在越南战争后期，美军就派了3架AH-1武装直升机，携载“陶”导弹攻击越军坦克。在不到12个月的时间内，共发射101枚反坦克导弹，其中89枚击中目标，命中率超过88%；在被击中的目标中，40%是坦克，60%是卡车、火炮、弹药库等目标。

1982年，在两伊战争的一次战役中，伊朗击毁伊拉克坦克360辆，“陶”导弹在其中发挥了重要作用。伊朗陆军航空兵使用美制的“眼镜蛇”武装直升机，发射“陶”导弹，5min之内便击毁伊拉克坦克18辆。

（二）“标枪”导弹

“标枪”（Javelin）导弹是美国陆军单兵使用的新式轻型反坦克导弹，它于1989年开始研制，1994年开始生产，1996年在美国陆军部署，用以取代M-47“龙”式反坦克导弹。“标枪”导弹既有人员携带肩射型，也有轮式、履带式和两栖作战车发射型，机动性很强。导弹系统全重22.3kg，最大射程2500m，垂直可破750mm厚的钢质装甲。

“标枪”反坦克导弹

“标枪”导弹采用了两级推力、两级串联破甲战斗部、64×64元碲镉汞焦平面阵列红外成像导引头，是一种具有“四微”（声、光、尾喷火焰及烟雾）软发射能力、发射前锁定和“打了不管”的轻型反坦克导弹。导弹可采用曲射弹道攻击坦克、装甲车辆的顶装甲，也可采取直射弹道对直升机和掩体实施攻击。

在2003年以来的“伊拉克自由”和“持久自由”作战中，美国陆军已发射了955枚“标枪”导弹，命中率在90%以上。美国国防部已批准向16个国家出口“标枪”导弹。

“标枪”导弹发射

“标枪”导弹命中目标

目前，负责生产“标枪”导弹系统的“标枪”风险投资公司正在将“标枪”系统集成在通用遥控武器站上。斯特瑞克步兵战车装备前，步兵小队就已配备了“标枪”系统，但发射时，需要人工操作，且射手需暴露。集成后，射手可在车内，即在防护状态下发射导弹，从而提高了射击精度，增强了射手的战场生存能力。

安装在“斯特瑞克”步兵战车上的标枪系统

（三）“海尔法”导弹

“海尔法”（Hellfire）导弹是洛克威尔公司为美国陆军研制的一种直升机载激光半主动制导反坦克导弹，主要配备在 AH-64 阿帕奇攻击直升机上，用以攻击地面坦克、装甲目标。“海尔法”导弹从 1972 年开始研制，1981 年批量生产，到目前为止，已生产超过 60000 枚各种型号的“海尔法”导弹，并且对 AGM-114 K/L/M/N/P 型的生产还在继续。除美国之外，海尔法的用户已遍及多个国家和地区，包括以色列、埃及、科威特、瑞典、挪威、土耳其、英国和阿联酋等。

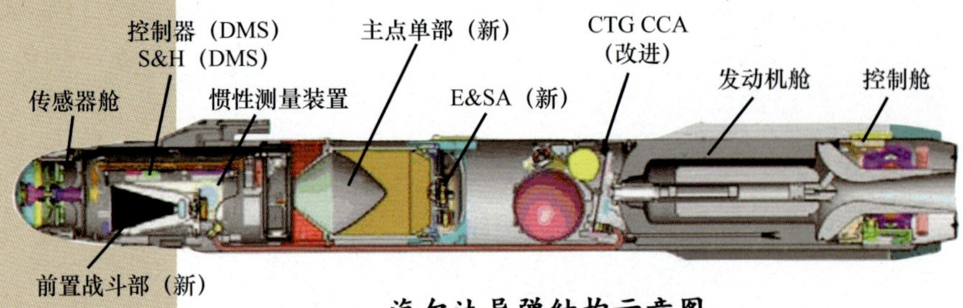

海尔法导弹结构示意图

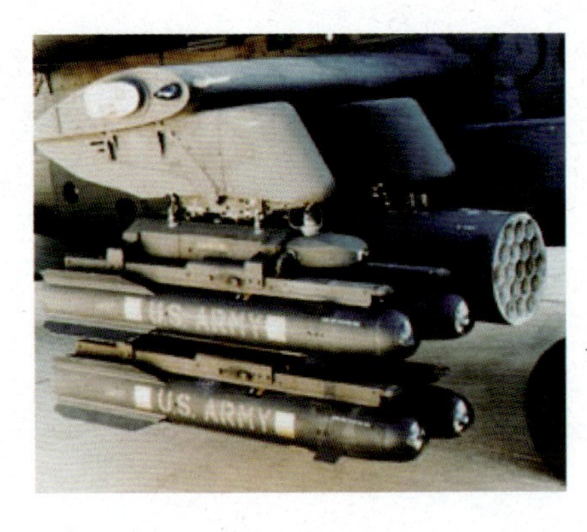

海尔法导弹装在AH-64阿帕奇直升机吊架上

1991年的海湾战争，是武装直升机发挥突出作用的代表性战争。在这场战争中，不论是在空袭行动前的长途奔袭，摧毁伊地面雷达站为空中打击力量开辟安全走廊，还是在地面战过程中的集团出击，对伊装甲部队进行毁灭性的打击，武装直升机都发挥出了举足轻重的作用。令人吃惊的战例不胜枚举。美军一个AH-64直升机营在攻击伊军一个坦克师时，仅用50min就摧毁了伊军坦克和装甲车辆84辆、火炮8门、汽车38辆。一架美军的AH-64直升机甚至创造出一次出动单机摧毁23辆伊军坦克的骄人记录！

战争期间，美军共有274架AH-64直升机参战，共飞行18700h。伊军损失的3700多辆坦克中很大一部分是被“阿帕奇”摧毁的，而只有一架“阿帕奇”被伊军击落。“阿帕奇”在地面战中发射了2876枚“海尔法”反坦克导弹，宣称击毁了800辆坦克与装甲车、500辆其他车辆以及无数的防空与炮兵阵地。

开战之初，伊拉克拥有4000辆坦克，美军只有2000辆坦克，在数量上处于劣势。为对付伊拉克的坦克优势，多国部队运去不少先进的反坦克导弹。交战中，伊拉克约损失3000辆坦克，其中80%是被从空中发射的反坦克导弹击毁的，美制“海尔法”反坦克导弹充当了主力。

“海尔法”属于第3代反坦克导弹，1972年开始研制，历经十余年，于1984年装备美国陆军，每枚3.8万美元。它和第一、第二代产品的一个明显区别，就在于去掉了前两代产品那条又细又长的“辫子”——传输指令的导线，也不需要射手一直瞄准目标，1min内可以发射16枚。后经洛克威尔公司改进，“海尔法”导弹可根据战术要求换装红外成像导引头或3mm波导引头，真正实现了“发射后不管”。

（四）“幼畜”导弹

“幼畜”(Maverick)空对地反坦克导弹是美国休斯飞机公司为美国空军、海军和海军陆战队研制的空地导弹，代号为AGM-65，用以攻击

F15战斗机发射“幼畜”AGM-65导弹

地面和水上目标。幼畜导弹于1964年开始研制，1972年首批装备部队，1986年开始大量生产。包括美国在内，有34个国家装备了“幼畜”导弹。AGM-65A/B型导弹的产量达到了35000枚，AGM-65D/E/F/G/H/J/K导弹的产量也十分可观。

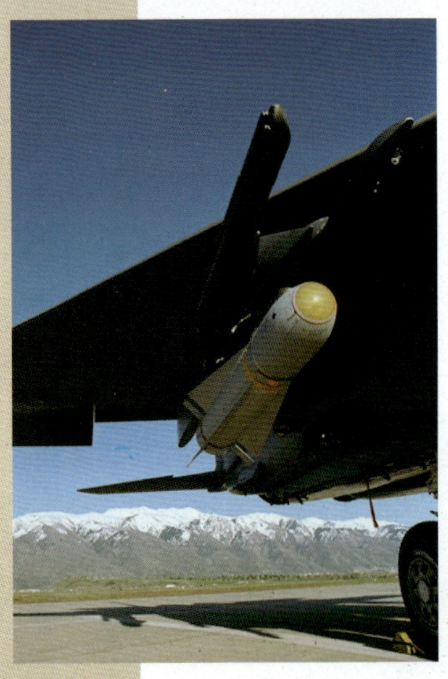

“幼畜”反坦克导弹

第三章 “聪明”的传统弹药——制导弹药

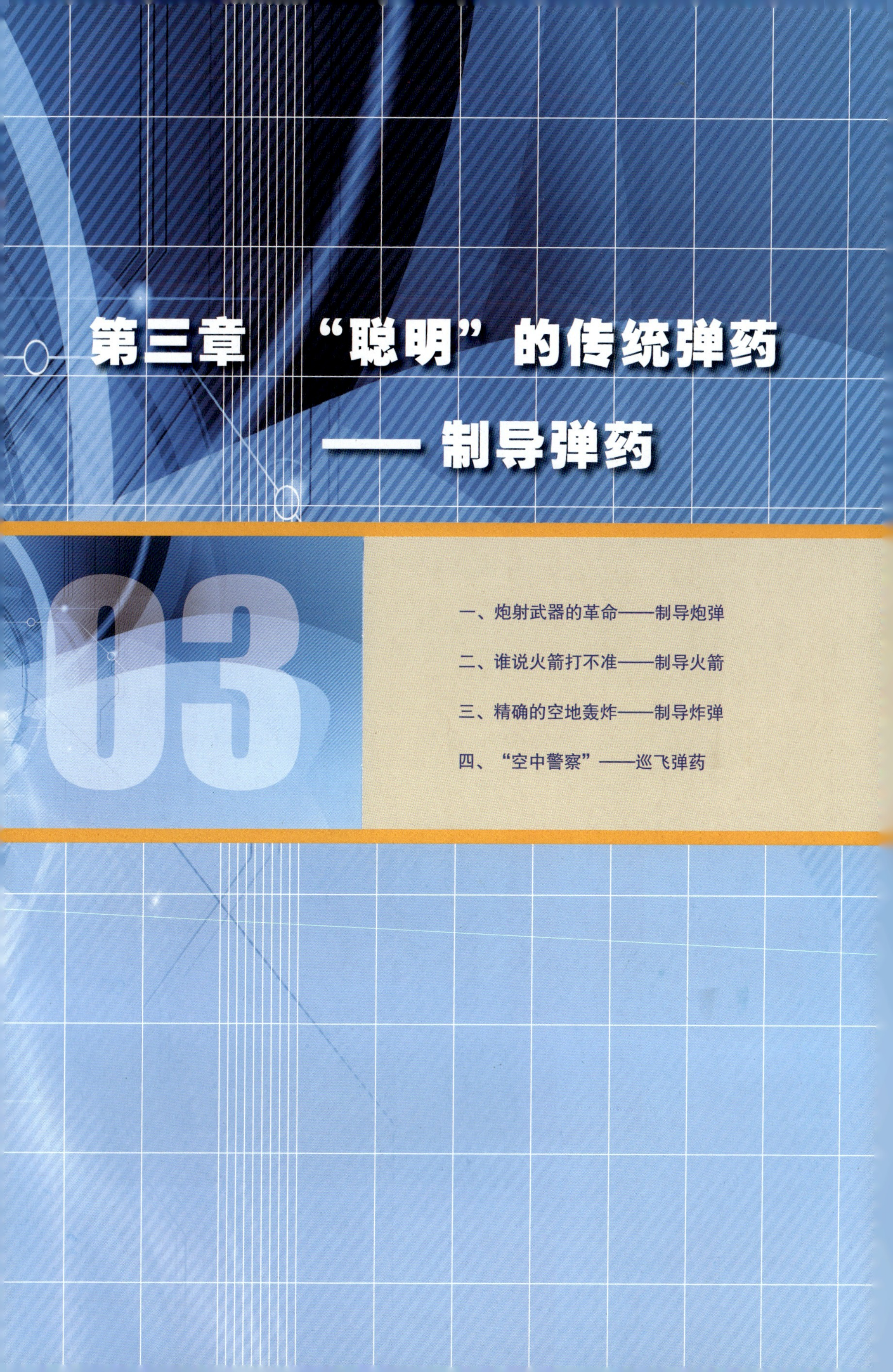

03

一、炮射武器的革命——制导炮弹

二、谁说火箭打不准——制导火箭

三、精确的空地轰炸——制导炸弹

四、“空中警察”——巡飞弹药

一、炮射武器的革命——制导炮弹

（一）“戴眼镜”的炮弹——末制导炮弹

为了顺应新军事变革的潮流，世界各国都在积极探索提高和完善火炮功能的发展道路，以期能使这一传统兵器重新焕发出昔日的风采。如何提高现有火炮的打击精度并尽量减少弹药消耗量就成为发展新型火炮系统的新课题。然而，常规炮弹的命中误差必然随着射程的增大而增大。为了提高火炮远距离压制的精度，开发远射程制导炮弹就成为必然趋势。高新技术，特别是微电子技术、光电子技术、探测技术、小型化技术、新材料技术（包括信息材料、新型结构材料和功能材料）的发展，则极大地推

制导炮弹武器系统

进了弹药的制导化进程。末制导炮弹就是在这种技术条件下产生、发展起来的。

制导炮弹与一般炮弹的差别主要是弹丸上装有制导系统和可供驱动的弹翼或尾舵等空气动力装置。在末段弹道上，制导系统探测和处理来自目标的信息，形成控制指令，驱动弹翼或尾舵，修正弹道，使弹丸命中目标。这种精确制导弹药提高了火炮射击精度，适于对付远距离的坦克。

迄今为止，末制导技术已经应用于多种炮弹，包括加农榴炮炮弹、榴弹炮弹、迫击炮弹等。据军事专家测算：制导炮弹武器系统投入使用后，能够减少火炮数量 20% ~ 30%，弹药消耗量可以减少到 1/40 ~ 1/50，减少作战费用 60% ~ 90%，更重要的是，在尽早歼灭敌人的情况下，等于变相提高了我方人员和装备的生存能力和作战能力，后勤保障的压力也极大地减小了。

20 世纪 70 年代，当时世界上两个超级大国（也是东、西方冷战的主角）——美国和苏联分别研制出了 M712 式“铜斑蛇”155mm 制导炮弹和 152mm9K25 式“红土地”激光末制导炮弹，这两款产品是早期末制导炮弹的代表。

美国 M712“铜斑蛇”激光制导炮弹

“铜斑蛇”是美国1972年开始研制，并于1982年列装的末制导炮弹。弹长137.2cm，全重63.5kg，炸药重6.4kg，采用激光半主动寻的制导方式，用155mm榴弹炮发射，最大射程16km。弹体采用正常式气动布局，前后各有折叠式弹翼，可实现稳定弹体旋转并提供侧向机动的效果，当炮弹飞到弹道顶点后，制导系统启控，弹翼弹出并在短时间内使弹体减旋，在控制系统的作用下炮弹作滑翔飞行。当炮弹接近目标时，前方人员用激光指示器照射目标，炮弹前部的激光导引头接收从目标反射的激光信号，导引炮弹准确攻击目标。试验证明，“铜

“红土地”飞行状态（左）、照射器（上）、全备弹（右）

俄罗斯“红土地”激光制导炮弹

斑蛇”命中率大于 83%，可有效攻击集群坦克或装甲目标。

“红土地”制导炮弹由苏联著名的图拉仪表设计局设计，于 1977 年开始工程研制，1984 年定型并少量装备部队试用。最大射程 20km。全弹质量 50kg，战斗部为杀伤爆破型，装药为钝黑铝混合炸药，质量 20.5kg，

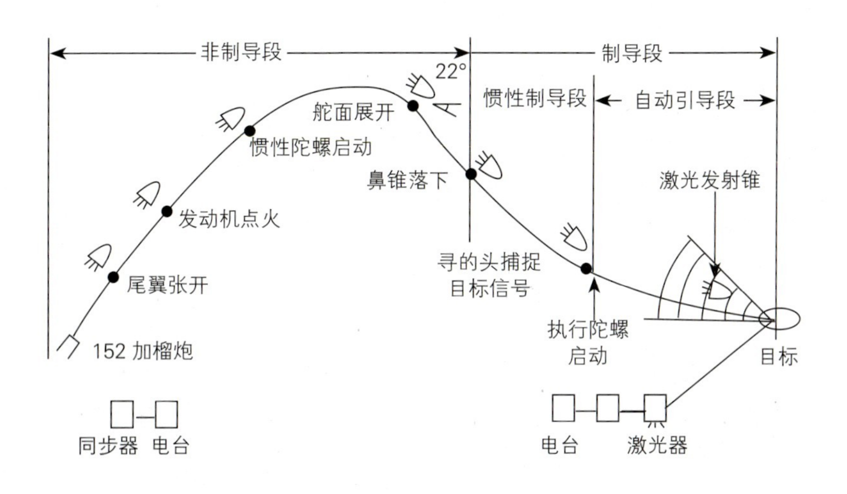

“红土地”作战过程示意图

激光器的照射距离为 5 ~ 7km，主要用于攻击坦克、装甲车、工事和炮兵阵地等目标，可攻击速度小于 10m/s 的活动目标（相当于目标速度 36km/h）。

美国“铜斑蛇”与俄罗斯“红土地”性能对比

	射程 /km	命中概率 /%	命中精度 /m	战斗部种类	照射距离 /km	弹体控制	弹道末端修正时间 / s
铜斑蛇制导炮弹	4~16	90	0.4~0.9	聚能破甲战斗部	5	尾翼稳定不旋转	15
红土地制导炮弹	3~20	90	小于 1	杀伤爆破战斗部	5	鸭翼控制旋转	1~3

末制导炮弹除了具有一般间瞄武器的优点之外，还具有精度高、威力大等特点。它能在 20km 处摧毁价值上百万美元的坦克，因此，末制导炮弹的作战效能相当可观。当然，末制导炮弹也有明显的不足之处。首先，在射击时需要前方照射手发现目标后，用激光指示器不断照射目标，而激光受战场气象环境影响严重；其次，照射器作用距离有限，照射精度直接影响命中精度，这些因素使得照射阵地的配置必须靠前，也就使照射手的战场生存能力降低；第三，成本过高，“铜斑蛇”的单价达 7 万多美元。

更重要的是随着冷战的结束和“9.11”事件的发生，美国陆军的战略重心转移到以全球反恐战争为代表的非对称作战。因此，陆军的攻击行动多在城区或是复杂的地形环境中开展，攻击的重点也从以坦克集群为主，向多种目标转移。显然在这种条件下，以“铜斑蛇”为代表的末制导炮弹很难满足美国陆军的火力需求，发展新型的制导炮弹势在必行。

（二）“打了不管”的炮弹——卫星制导炮弹

卫星制导炮弹是一种利用卫星导航和微机电惯导技术（GPS/INS）发展起来的一种新型制导炮弹，是新世纪智能化弹药发展中最具活力的一种武器。典型产品有美国的 XM982“神剑”(Excalibur) 制导炮弹、美国的增程制导弹药 (ERGM)、美国的 120mm 制导迫击炮弹、俄罗斯的“红土地”-M2 制导炮弹、法国的鹈鹕制导炮弹、意大利的火山制导炮弹等。

与“铜斑蛇”、“红土地”末制导炮弹相比，“神剑”炮弹更加符合美国陆军 21 世纪的作战思想和转型计划的需求。首先，“神剑”采用了 GPS/INS 制导技术，使用方便、成本低廉。虽然全球卫星定位系统（GPS）存在易受干扰、可靠性差以及数据输出频率低等不足，但惯性导航系统（INS）则具有完全自主、抗干扰性强、输出数据率高，反应灵活等特点。将两者组合使用，可弥补各自的不足，获得精度更高、抗电子干扰能力更强的定位效果。

XM982 “神剑”的研制始于 1998 年，是美军实现火炮系统转型、增强精确打击能力的重点项目。“神剑”采用 GPS/INS 复合制导技术，具有全天候精确打击能力，采用不同的发射平台发射，最大射程为 40 ~ 50km，精度优于 10m。“神剑”炮弹从炮口射出后不久，弹载卫星接收机便可捕捉到卫星信号进行定位导航，以确定炮弹的当前速度和位置。惯性导航系统负责测量炮弹的角速率和加速度，并将测量结果传给接收机，协助完成定位过程。在导航过程中，GPS和INS相互比较、校准和调整，控制炮弹准确飞向目标。如果途中遇到敌方电子干扰，惯性导航系统可独立完成导航。这极大提高了炮兵在战场环境中的作战能力，使炮兵的全天候作战能力得到提高，与“铜斑蛇”炮弹需要用激光指示器不断地照射目标相比，“神剑”真正实现了“发射后不用管”。

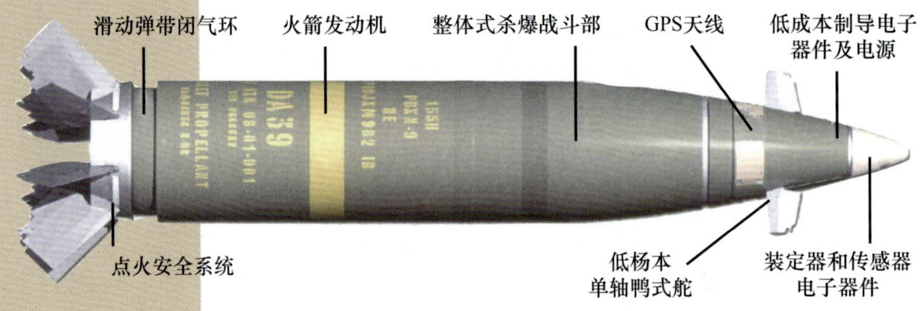

美国 XM982 神剑制导炮弹

总之，制导炮弹具有精度高、射程远、可以打击静止和运动目标等优势，由于其弹道可控，攻击方式灵活，制导炮弹有着更为广泛的应用范围。在制导炮弹的发展进程中，对精度、射程和威力的追求将是永恒的主题。从经济性、作战使用和维护角度考虑，智能化、发射后不管、小型化、模块化、低成本等将是制导炮弹未来的发展方向。

二、谁说火箭打不准——制导火箭

（一）火箭弹再现“光辉”

俄罗斯“斯麦奇”火箭炮发射300mm简易控制火箭

火箭弹通常是指靠火箭发动机所产生的推力为动力，以完成一定作战任务的无制导装置的弹药。主要用于杀伤、压制敌方有生力量，破坏工事

美国DAGR 70mm火箭发射试验（精度1m）

及武器装备等。火箭弹发射后能形成强大的、密集的火力网，有效地压制对方的火力，对地面部队的作战行动形成可靠的支援。但是，由于没有采用制导技术,火箭弹密集度差、散布大，难以有效打击点目标。

第二次世界大战时期曾经辉煌一时的机载火箭弹，在高技术战争的今天，由于其无制导、精度低、有效射程近等原因，越来越让各国空军感到如同鸡肋，甚至有人提出完全撤装机载火箭弹，用各类导弹和制导炸弹取代之。但导弹并非万能的，也不可能包打天下，近年来美军就发现了新的问题。在海湾战争中，美国陆军的阿帕奇直升机和海军陆战队的超级“眼镜蛇”直升机总共发射了 4000 ~ 5000 枚“海尔法”空地导弹，给予伊拉克陆军尤其是装甲部队以毁灭性的打击。但是，有很多“海尔法”导弹都被用来攻击卡车、掩体、火炮阵地甚至步兵分队等非装甲目标，对于每枚价值 5 万多美元的“海尔法”导弹来说，这样做非常不经济，就是财大气粗的美军也吃不消。

自 20 世纪 90 年代以来，随着精确制导武器的发展，特别是精确制导炮弹的发展，常规火箭弹制导化也已逐渐成为未来精确制导弹药的重要发展方向之一，并且呈现出蓬勃发展的势头，如美国陆军的先进精确杀伤武器系统

(APKWS) 等。

精确制导技术是精确制导武器的关键技术，它是确保精确制导武器既能命中选定的目标以至目标的要害部位，又能减少附带毁伤的技术。从目前已定型和正在研制的制导火箭弹来分析，主要应用了激光半主动制导和 INS/GPS 组合制导等技术。

德国 CORECT 火箭弹演示试验

（二）整体型与组装型火箭弹

根据制导火箭弹的总体设计方案可将其分为整体型和组装型。

整体型火箭弹是进行全新设计的产品。此种方案为设计者在研制制导舱段和战斗部舱段时提供了更加自由的设计空间，同时还可避免出现将新型硬件与现有火箭发动机结合时可能产生的缺陷。但缺点是研制周期长、研制费用高。

在组装型火箭弹中，根据制导组件在火箭弹总体结构中的布局位置的不同，又可分为嫁接型和加装型。

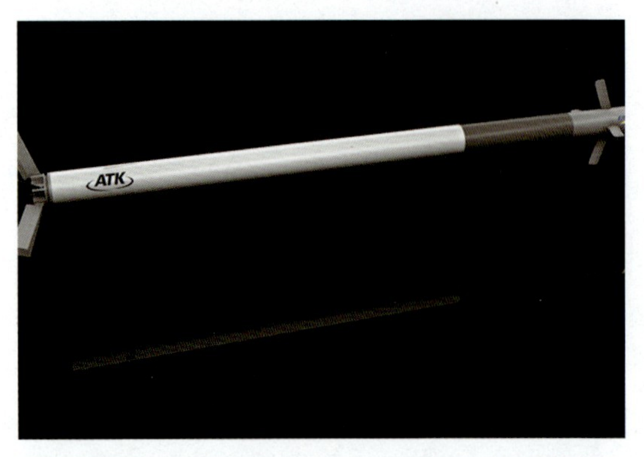

制导先进战术火箭弹（GATR）

嫁接型火箭弹是将已装备部队的或已设计定型的近程精确制导弹药进行适应性改造，利用火箭运载技术发射至预定位置实施弹箭分离，形成一种新型的精确制导火箭弹。

加装型火箭弹是将制导组件加装在非制导火箭弹的适当位置形成新的制导火箭弹。此种制导火箭弹改变了制式火箭弹各组成部件的位置，加装的制导组件成为制导火箭弹的有机组成部分，故在飞行的全弹道上火箭发动机不与制导组件分离，直至最终攻击目标。

（三）典型装备

美国的“先进精确杀伤武器系统”（Advanced Precision Kill Weapon System，APKWS）项目，旨在标准70mm无控“海德拉”（Hydra）火箭弹的基础上，增加激光半主动导引头和制导系统，开发一种低成本的精确制导武器，装备在陆军和海军的武装直升机上。

BAE系统公司的APKWS火箭弹方案在“海德拉”火箭弹的发动机和战斗部之间增加制导装置。

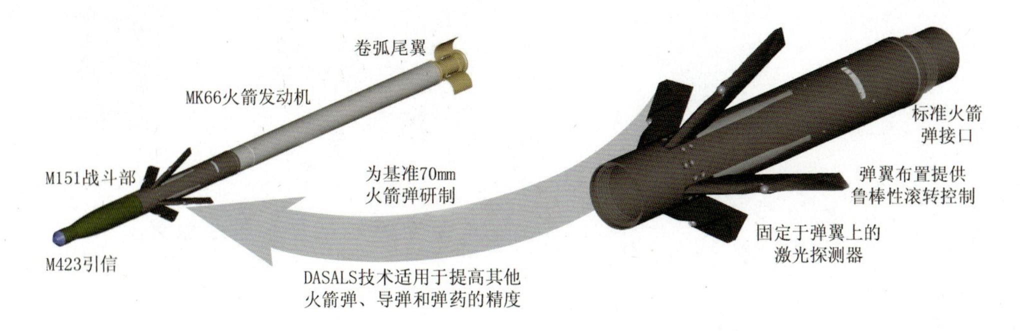

BAE公司的APKWS火箭弹

美国GMLRS制导火箭弹

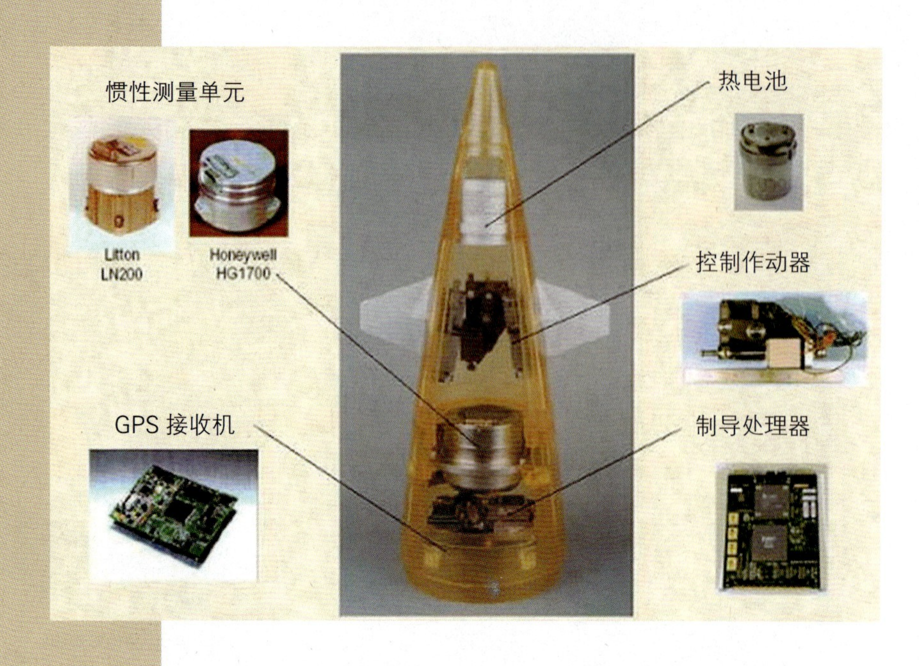

GMLRS 火箭弹的制导和控制组件

现在最典型的精确制导火箭炮是美国的制导多管火箭发射系统（Guided Multiple Launch Rocket System，GMLRS），它在 70km 的距离上使用全球定位系统（Global Position System，GPS）/ 惯性导航系统（Inertial Navigation System，INS）进行制导，投送火力的精度可以达到 3m。

根据美国陆军发布的数据，截止 2009 年 3 月底，美军及盟军在训练和作战中总共发射了 1124 枚多管火箭发射系统单一高爆战斗部制导火箭弹。

美军发射 GMLRS-U 制导火箭
的 M270 多管火箭炮

以色列 160mmAccular 制导火箭弹发射

美国 AH-1W 武装直升机发射低成本成像制导火箭弹

MBDA 激光半主动制导火箭弹

三、精确的空地轰炸——制导炸弹

（一）轰炸机的“宠儿”

制导炸弹，全称为航空制导炸弹，指能自动导向的航空炸弹，是一类固定的点目标近距空中支援武器。制导炸弹与导弹的区别在于其本身并没有动力系统，它是靠投放时的惯性飞抵目的地的。与普通炸弹不同的是，精确制导炸弹能够在投射过程中实现激光制导、卫星制导等多种制导方式，所以其运动轨迹也不再是普通炸弹的抛物线，而是由于制导形成的复杂曲线轨迹。精确制导炸弹的飞行姿态类似于巡航导弹，主要特点是结构简单、使用方便、射程远、命中精度高、造价低、效费比高，是世界各国机载高精度武器中数量最多的一种空地武器。

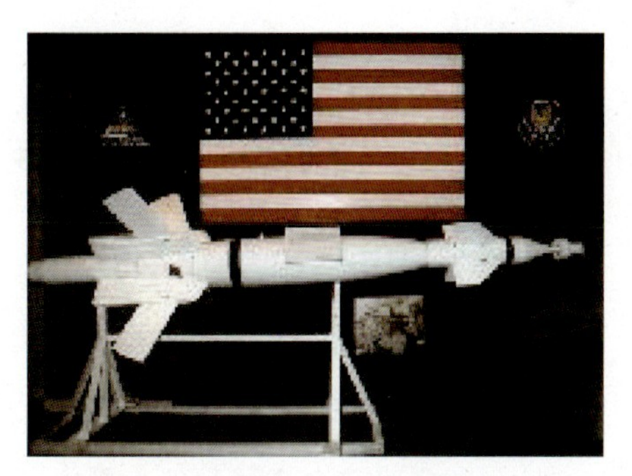

美国 “舰长”(SKIPPER Ⅱ)
空地激光制导航空炸弹

美国“手术刀”炸弹挂载在
AV-8B 战机上

在大多数情况下，机械师可以在机场为普通炸弹直接装配制导系统，携挂也比较方便。标准弹药装配了制导战斗部后，具有非常高的命中精度，杀伤效率得到极大的提升。统计数据表明，制导炸弹的命中半径较普通炸弹缩小50%。

（二）从“弗利兹”到“宝石路”

制导炸弹的首次实战应用要追溯到 1943 年 9 月。德军飞机在对意大利海军舰队进行攻击时，使用了能根据无线电波束校正轨迹的制导炸弹，以准确命中目标。“道尔尼”-217 投掷的“弗利兹”-X 制导炸弹击沉了意大利海军“罗马”号战列舰。

朝鲜战争期间，美军 B-29 轰炸机使用 VB-13 制导炸弹摧毁了朝鲜 20 座桥梁。

俄罗斯 KAB-1500L-F 激光制导炸弹

制导炸弹的大规模使用是在越南战争期间，“宝石路”系列激光制导炸弹（GBU-10、GBU-12）和电视制导炸弹（GBU-8、GBU-9、AGM-62A“白星眼”）相继研制成功，并得到了充分的使用。其中，仅由 F-4“鬼怪”战斗机投掷的 GBU-8 电视制导炸弹就多达 700 枚。

美国“宝石路”系列激光制导炸弹是在 MK80 系列标准炸弹基础上加装激光制导系统和弹翼而发展成的一种精确打击武器，目前已形成系列，并发展了Ⅰ、Ⅱ、Ⅲ三代，是美国空军对地攻击的重要力量。

“宝石路”Ⅱ激光制导炸弹

在越南战争中，美军大量使用了刚研制成功的Ⅱ型弹，共投掷 25000 余颗，命中率在 60% 以上。

在 1986 年美利冲突中，美国出动 FB-111 与舰载机一起使用激光制导炸弹袭击了利比亚，摧毁了预定目标，附加损失较小。

在海湾战争中，激光制导炸弹为美军空对地攻击的最重要武器。美军共投掷 9300 余颗，6000 多吨，命中率达 85% 以上，为瘫痪伊军防空体系，杀伤消耗其有生力量起到了重要作用。

科索沃战争中，美军大量使用了激光制导炸弹，其中钻地型 GBU-28 在摧毁南联盟坚固设施中发挥了重要作用。

俄罗斯第一种激光制导炸弹是KAB-500L，采用风标式导引头，是500kg级的高爆炸弹，于1975年投入生产。它带有固定的尾翼面，类似于美国的“宝石路”Ⅰ系列激光制导炸弹。不论在白天还是黑夜，KAB-500L炸弹均可对照射目标实施水平、俯冲、上冲的单投或齐投轰炸，命中精度约8.8m。该弹主要用于攻击军事工业设施、停机坪上的飞机、加固混

俄罗斯KAB-500L型激光制导炸弹

俄罗斯KAB-500L激光制导航空炸弹的作战过程

“幻影”2000战斗机挂载PGM（法国精确制导炸弹）

凝土的飞机掩体、桥梁、舰船、跑道及仓库等。

目前新型制导炸弹的研制工作还在继续，世界各国都在加快研制步伐，制导方式主要采用以卫星定位系统为主的复合制导方式，命中精度得到了进一步的提高。

美国JDAM制导炸弹采用GPS/INS复合制导方式

四、“空中警察”——巡飞弹药

（一）巡飞弹药与无人机

巡飞弹药是一种利用现有武器投放，能在目标区进行巡逻飞行的弹药。巡飞弹药是无人机技术和弹药技术有机结合的产物，可实现侦察与毁伤评估、精确打击、通信、中继、目标指示、空中警戒等单一或多项任务。巡飞弹药技术将广泛用于未来的空地弹药，成为弹药领域的一个重要发展趋势，此类弹药已引起广泛关注。

巡飞弹药与无人机有一定的类似，所执行的任务大幅交叉，如侦察、监视、通信中继、精确打击等。但也有区别：

（1）巡飞弹药具有弹药类武器的所有特征，为一次性低成本武器，一般执行自毁攻击任务，而无人机一般重复使用，成本高，执行攻击任务需挂载武器；

（2）巡飞弹药可由建制武器系统发射使用，与常规弹药没有区别，无人机一般不作为建制武器装备，需专门装置发射；

（3）巡飞弹药可借助飞机或火炮等发射平台快速进入预定区域，无人机则受自身动力限制。

德国泰帆巡飞弹药

美国在巡飞弹药领域独领风骚，已开始发展各种平台携带的巡飞弹药，主要型号包括：127mm 舰炮发射的前沿空中支援弹药 (FASM)，155mm/203mm 榴弹炮发射的“快看”(Quicklook) 侦察型巡飞弹药，

英国“火影”巡飞弹药

155mm 榴弹炮或 127mm 舰炮发射的炮射广域侦察弹 (WASP)，坦克炮发射的一次性多用途炮射巡飞弹药、“网火”非直瞄火力系统发射的“拉姆”(LAM)巡飞弹药,“洛卡斯”(LOCASS)自主攻击弹药系统，“主宰者”(Dominator)巡飞弹药，“低成本持续区域控制”(LOCPAD)小型弹药等。除美国外，俄罗斯、以色列、英国、德国、意大利、法国等发达国家也加入巡飞弹药的发展行列。俄罗斯研制了“旋风”300mm 火箭弹投放的 R-90 巡飞子弹药，英国在研制低成本巡飞弹药 (LCLC)，以色列在研究单兵使用的巡飞弹药等。

德国泰帆巡飞弹药发射

（二）组成与特点

巡飞弹药主要由有效载荷、制导装置、动力推进装置、控制装置(含大展弦比弹翼)、稳定装置(含尾翼或降落伞)等部分组成。巡飞弹药可以像常规弹药一样，由多种武器平台发射或投放，可配装到各军兵种，能快速进入作战区域，突防能力强，战术使用灵活。与常规弹药相比，它多出一个“巡飞弹道”，留空时间长、作用范围大，可发现并攻击隐蔽的时间敏感目标；与巡航导弹相比，它成本低(不到后者的 1/10)、效费比高，尺

G-CLAW 巡飞弹

寸小、雷达截面积小、隐身能力较强，能承受极高的过载；与电视侦察弹相比，它侦察时间长、面积大，发现目标的概率大；与制导炮弹相比，它能根据战场情况变化，自主或遥控改变飞行路线和任务，对目标形成较长时间的威胁，实施“有选择”的精确打击，并实现弹与弹之间的协同作战。

巡飞弹药的主要特点有：

（1）以各种形式投放，既可单独投放，也可作为炮弹携带的子弹药投放，且无需对武器平台进行改进。当由火炮（如榴弹炮、迫击炮、坦克炮、火箭炮、舰炮等）发射时，巡飞弹药经弹道上升段到达弹道顶点后，滑翔至目标区巡逻飞行。若由母弹在一定高度布放，则滑翔至目标区巡逻飞行，甚至可由无人机、布撒器等载体同时多枚投放；

（2）采用 GPS/INS 制导或自主式末制导，圆概率误差小于 50m；

（3）用固体推进器和小型涡轮喷气发动机推进；

（4）采用单一或多功能战斗部，可搭载彩色电视摄像机、化学或生物探测传感器、气象仪器、非致命性装置和杀伤战斗部等载荷，具有目标搜索、目标监视与定位、战斗毁伤评估、空中无线中继以及攻击目标等多种能力，增加了对付目标的灵活性；

（5）可由地面站或地面操作人员遥控，采用双路通信链路或实时图像进行战术信息传递，利用遥控或预装定方式，弹丸在飞行中可改变飞行状态并进行任务再分配。

美国“网火”系统巡飞攻击导弹（LAM）

巡飞弹药按战斗部结构可划分为整体式巡飞弹药和子母式巡飞弹药。前者如美国“快看”侦察型巡飞弹药和“拉姆”(LAM) 巡飞攻击弹药等，后者如英国低成本巡飞子母弹和美国未来发展的 GMLRSP31 火箭弹的母弹。

巡飞弹药按功能可划分为侦察型和攻击型巡飞弹药。侦察型巡飞弹药携带昼夜光电传感器、CCD 摄像机等侦察、通信器材，在目标上方执行搜索、侦察、监视、指示、监控、中继通信以及毁伤评估等任务。可长时间监视与指示战场目标(尤其是时间敏感目标)，并把获取的信息随时告知己方指挥系统。弹药的飞行轨迹包括弹道段、巡飞段两部分，在携带的燃料耗尽后自毁。典型型号有美国的“快看”155mm侦察型巡飞弹药、俄罗斯的R-90侦察型巡飞子弹药和以色列的单兵侦察型巡飞弹药等。攻击型巡飞弹药不仅可在目标上方执行监视、目标指示和毁伤评估等任务，还携带着战斗部，能寻找最佳时机对目标进行“巧妙”的精确打击。因此，它对敌方目标就像一把“达摩克利斯之剑”，长时间在其头顶上巡飞，随时可以下手攻击，使其不敢轻举妄动。弹药的飞行轨迹包括弹道段、巡飞段和攻击段三部分，主要采用多模战斗部，可根据目标类型选取不同的起爆模式，其典型产品是美国的“拉姆”和“洛卡斯”。

巡飞弹药按介入战场的方式可划分火炮/火箭炮发射型、机载投放型和单兵投放型。火炮/火箭炮发射型与常规弹药一样发射。发射后按弹道飞行，在预定时间和高度上，弹体上弹出一副大展弦比弹翼，进入滑翔弹道飞行阶段，至目标区后进入巡飞弹药道，在目标区上方执行各种作战任务，如美国LAM巡飞攻击弹药。机载投放型与常规机载导弹一样由飞机挂载投放，不用承受高过载。飞至目标区后进入

美国“弹簧刀”单兵巡飞弹药

巡飞弹道，执行作战任务，如美国“空中主宰者”攻击弹药。单兵投放型可执行近距离侦察或攻击任务，由士兵从屋顶、窗口或狭窄小巷发射，非常适合城区作战，如以色列的“云雀”单兵巡飞弹药。

（三）新概念——巡飞末敏弹药

近年来，还出现了巡飞弹药与末敏弹相结合的趋势。“统治者”（Dominator）是美国洛克希德·马丁公司导弹与火控分公司研制的“洛卡斯”低成本自主攻击系统 (LOCAAS) 的升级版，该弹长 3m，重量约 45kg。资料表明，2007 年以前美国已经完成所有相关技术的测试，可以认为是由具备侦察、打击一体化功能的巡飞子弹药搭载多枚具有自主探测功能的末敏弹组成的系统。巡飞末敏子弹药首先由固定翼飞机、远程火箭或其他平台投放到指定区域，通过减速伞减速后，打开折叠翼，启动涡喷发动机，然后进行巡飞。在巡飞过程中向后方控制台传回地面图像。发现目标后人为控制 / 自主发射末敏弹进行攻击，末敏弹全部发射完毕后，再由巡飞弹药攻击目标。

（a）抛撒

（b）展开

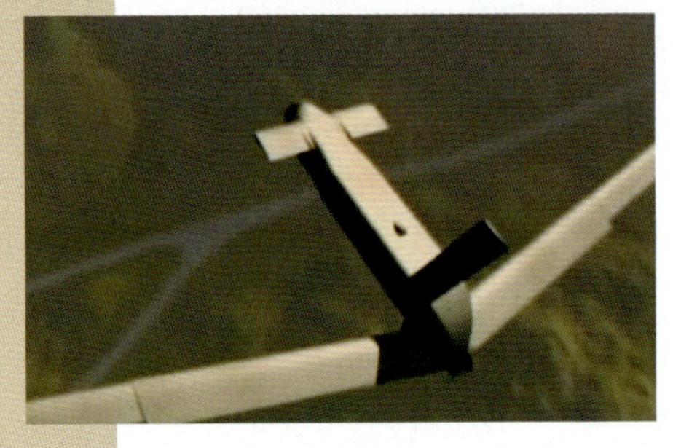

（c）巡飞

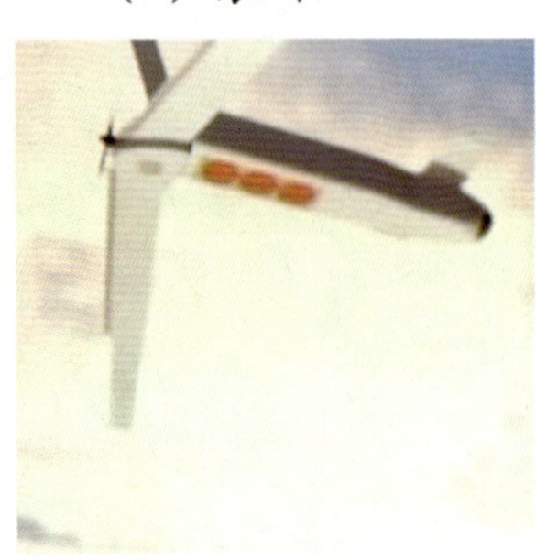

（d）侦察

（e）末敏弹探测

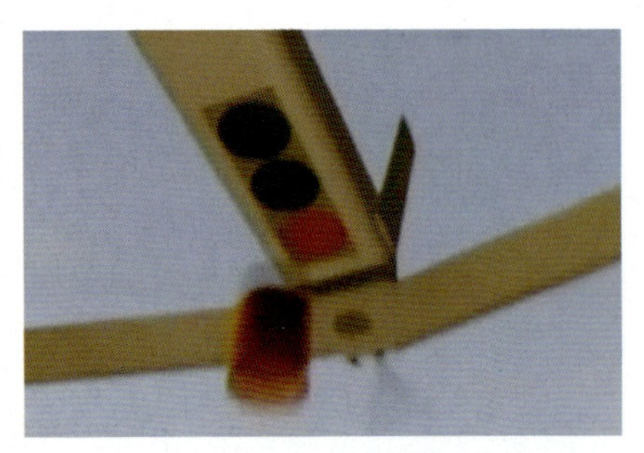

（f）发射末敏弹

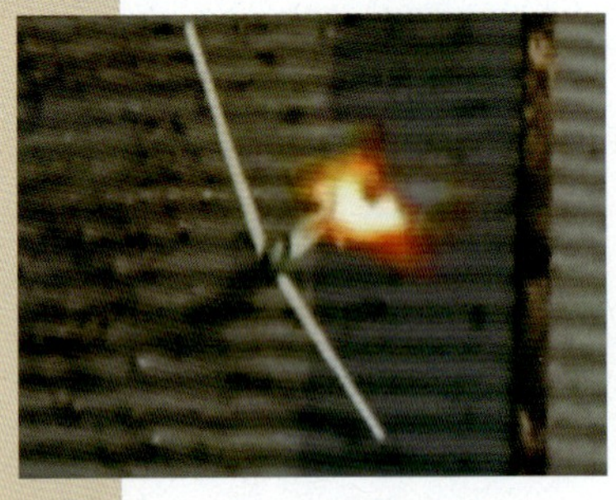

（g）巡飞弹药攻击

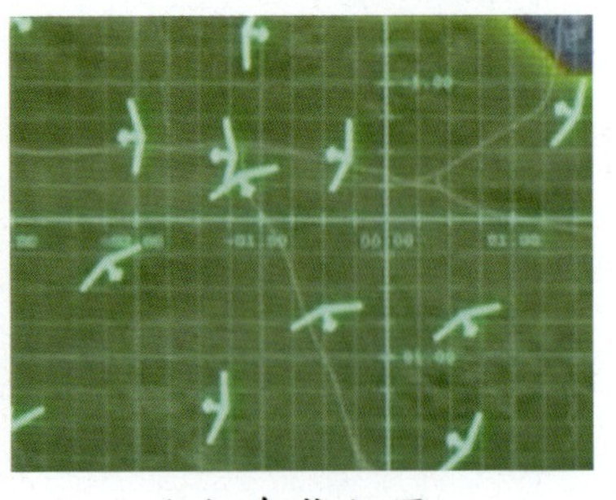

（h）智能组网

巡飞末敏弹发射过程

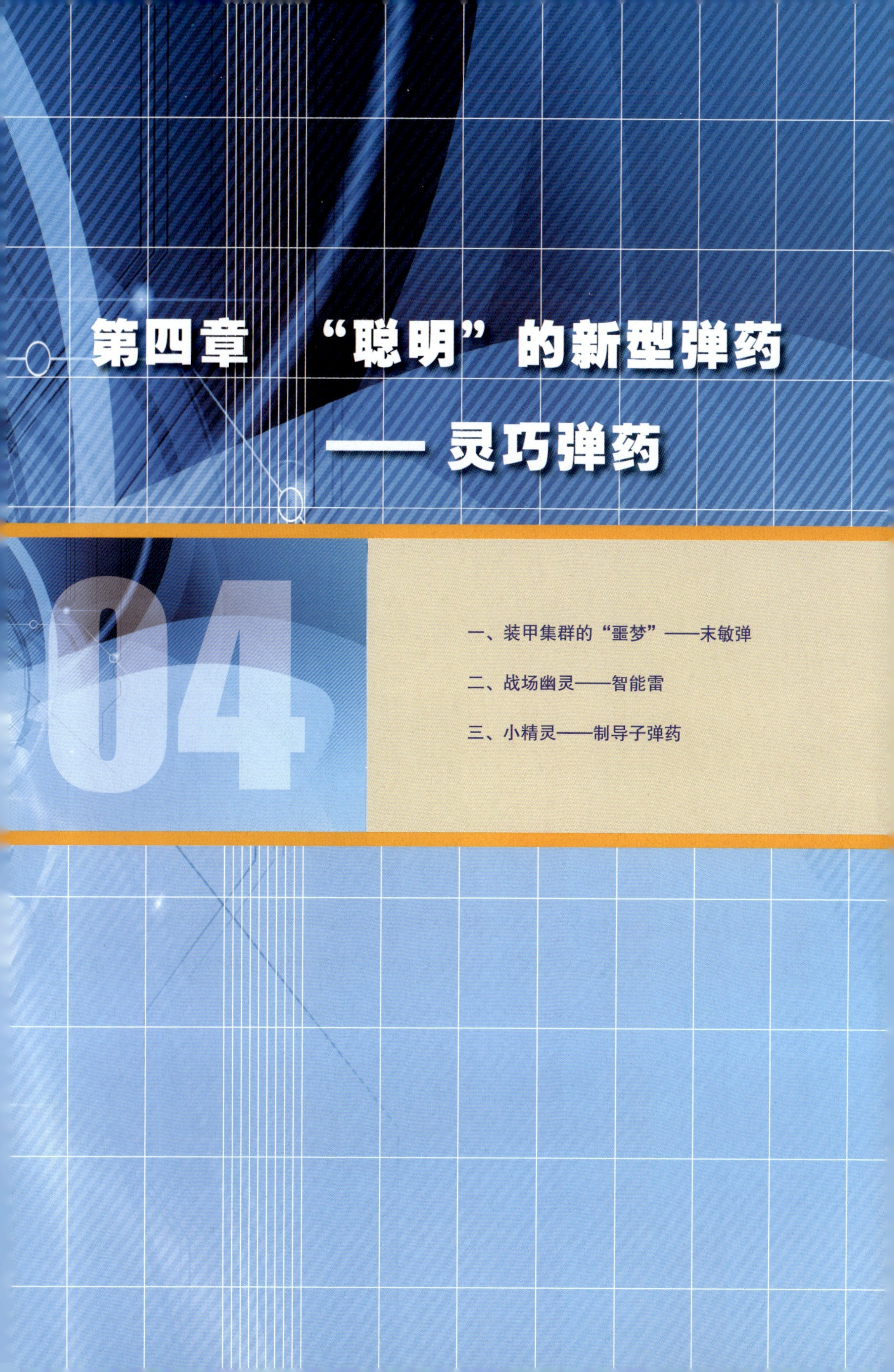

第四章 “聪明”的新型弹药——灵巧弹药

04

一、装甲集群的“噩梦”——末敏弹

二、战场幽灵——智能雷

三、小精灵——制导子弹药

一、装甲集群的“噩梦”——末敏弹

（一）什么是末敏弹

末敏弹，全称末端敏感弹药，又称“敏感器引爆弹药”或“现代末敏弹”，是一种能够在弹道末段探测出目标的存在，并使战斗部朝着目标方向爆炸的现代弹药，主要用于自主攻击装甲车辆的顶装甲。在21世纪信息化战场上具有作战距离远、命中概率高、毁伤效果好、效费比高和发射后不管等优点。

法国 ACED 120mm 末敏子母迫击炮弹

末敏弹不是导弹，不能持续跟踪目标并主动地控制和改变弹道向目标飞行。因此，其结构比导弹和末制导炮弹都要简单，经济性非常突出，而且可以像常规炮弹一样使用，其后勤保障和作战使用都很简单。

末敏弹由母弹和发射装药组成。母弹包括弹体、时间引信、抛射结构、

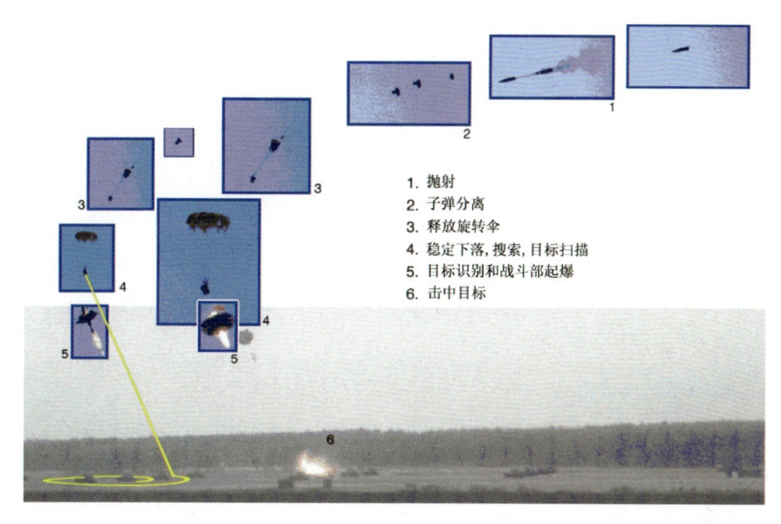

德国“斯马特”155mm末敏弹作用流程

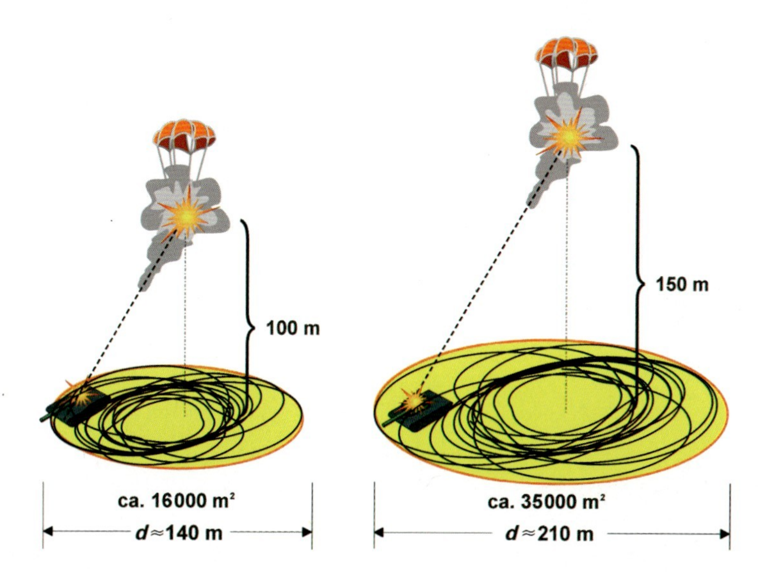

德国“斯马特”DM702和DM702A1末敏弹搜索阶段示意图

末敏子弹等。末敏子弹由减速减旋与稳态扫描系统、敏感器系统、中央控制器、先进战斗部、电源和子弹体等组成。

敏感器系统是末敏弹的“火眼金睛”，其功能是在复杂的电磁环境中探测和识别装甲目标，通常包括红外探测器、毫米波辐射计或毫米波雷达等。为克服单一体制敏感器性能的局限性，提高探测性能，一般采用复合敏感器系统，将两种或两种以上体制的敏感器结合使用，既可集合两者的优点，又可弥补彼此的不足。由于末敏弹所对付的装甲车辆都是长宽几米的较大目标，因此可以保证击中目标。

中央控制器是末敏弹的“大脑”，负责驱动控制、电源管理、数据采集、信号处理和火力决策等一系列重要工作。因此，也被称为有“智慧”的大脑。

EFP 战斗部可完成对目标的最终毁伤。EFP 是“爆炸成型弹丸战斗部”的英文缩写，与破甲弹靠药型罩形成细而长的金属射流破甲不同的是，EFP 战斗部爆炸后，药型罩被压垮变形，形成了一个短粗而密实的穿甲弹丸，其速度可达 2000m/s 左右，小于破甲弹射流的速度（8000m/s 左右），侵彻深度不如射流。其战斗部的优点是对炸高不敏感，而且战斗部被抛射出去后可在 100m 距离上穿透 80mm~100mm

厚的装甲，同时穿透装甲后能崩落大量碎片，以杀伤人员、破坏装备，有良好的作战性能。

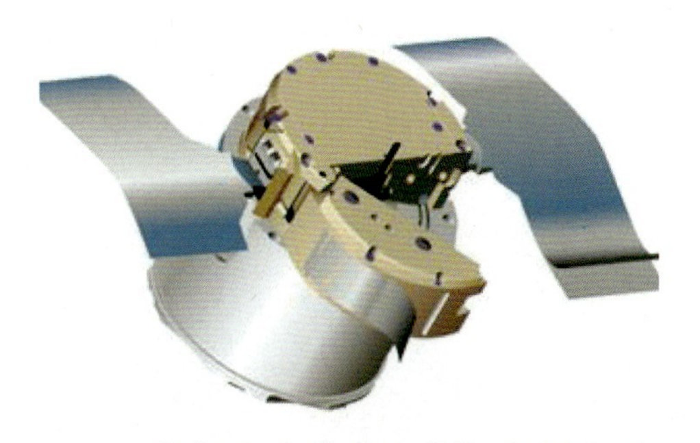

瑞典法国“博纳斯”末敏子弹

（二）作战过程

典型末敏弹的作战过程如下：末敏弹通常由制式火炮平台发射，火炮射击诸元和引信装定的操作与普通弹丸相同。末敏弹经无控弹道飞抵目标上空后，延时引信发挥作用，自动启动抛射装置，并依次抛出末敏子弹。待子弹抛射出去后，充气减速器被充气展开，同时减速旋翼展开，共同对

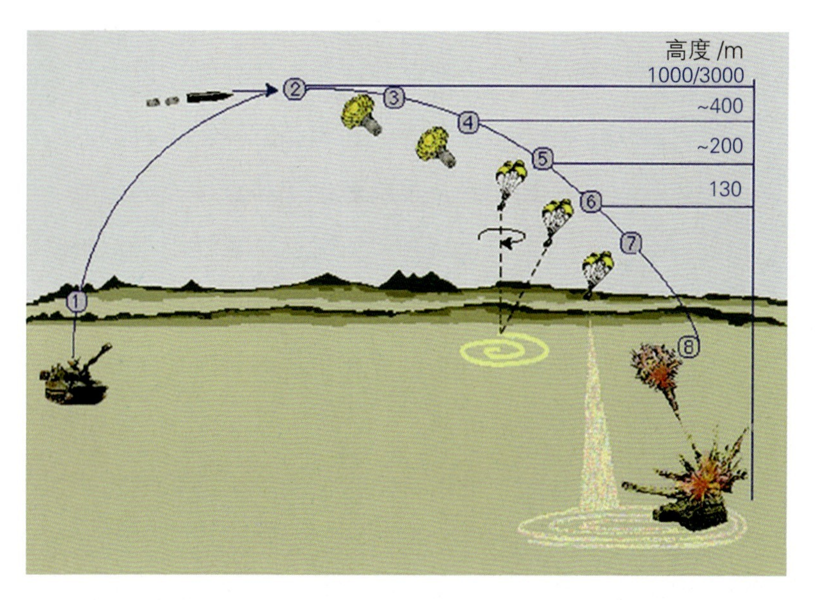

美国 155mm M898“萨达姆”末敏弹作用流程

子弹实施减速减旋、定向和稳定，调整姿态。与此同时，热电池启动，开始为电子系统（含微处理器、多模传感器、中央控制器等电子控制部件）供电。

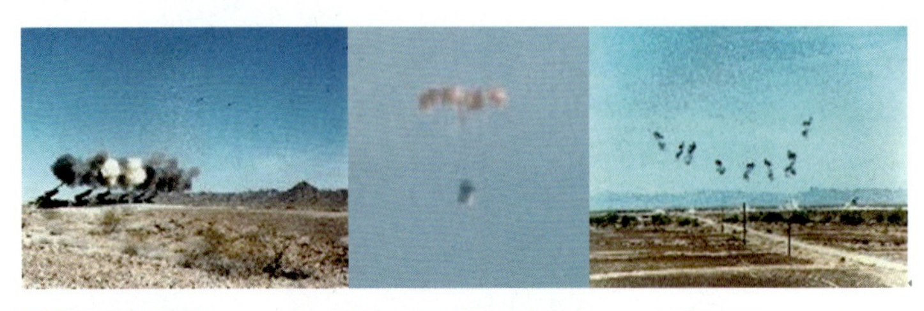

美国155mm M898“萨达姆”末敏弹命中目标试验过程

子弹在减速减旋装置的作用下开始大着角下落，在中央控制器的操控下，毫米波雷达开始测距，不断测定子弹到地面的距离。当测定结果达到预定值时，子弹在中央控制器的控制下，抛去充气减速器，拉出涡旋式旋转降落伞，在气动力的作用下展开并开始工作，带动子弹旋转降落。

随后，中央控制器根据各传感器提供的数据，开始调整探测目标信息，以抑制假目标和外界干扰，获得最大的探测攻击概率。

同时，毫米波雷达也在持续测定子弹的高度，当达到预定值时，说明弹药已经进入发挥威力的有效高度，中央控制器控制各传感器开始进入扫描状态，并解除战斗部的最后一道保险。通常，对目标的探测要采用两次扫描判定方式，即第一次扫过目标后，向中央控制器报告目标信息，第二次扫过目标时把目标敏感数据与特定目标的特征值进行比较，做出最后判定。第二次扫描结果如确定目标正确无误，中央控制器便发出攻击指令。如果第二次扫描结果判定为非攻击目标，则子弹继续探测其他目标。如果一直未发现目标，子弹则在距离地面一定高度上自毁。

炮射末敏弹

多模复合探测是末敏弹的发展趋势之一。法国研制的SMART155加榴炮末敏弹采用多模复合探测敏感器、目标及背景特性数据库、信息融合及较完善的识别算法等，敏感器设计引入了温度补偿技术，工作可靠性达到0.97以上。

除此之外，末敏弹还将向着微小型灵巧与智能弹药技术，以及产品模块化技术等方向发展。

二、战场幽灵——智能雷

长久以来在几乎所有大规模地面作战对抗中，小小地雷均凸显出灵活作战的独特优势，造成敌方大量人员伤亡和装备毁坏。据统计，第二次世界大战中，盟军在各个战场被地雷毁坏的坦克占损失坦克总数的20.7%，德军仅被地雷炸毁的坦克就近万辆。朝鲜战争和越南战争中，美军被地雷毁伤的坦克和战斗车辆竟达到损失总数的70%。

近些年来，世界各军事强国均把地雷战装备作为工程兵主战装备重点加以发展，尤其强调在技术上与主战装备体系发展相协调，着力提高其智能化和信息化作战水平。智能雷装备广泛应用计算机、人工智能和自动化、激光、红外、微波等高新技术，注重综合效能的运用，其整体水平可谓今非昔比。地雷已经从传统被动攻击目标的武器，发展成为能够自主探测、识别、定位和主动攻击敌坦克、装甲车辆目标，甚至是起降中的飞机目标及低空飞行武装直升机等多种目标的智能化武器系统和作战平台。

随着新型扫雷技术的发展，传统的雷场很容易被扫雷车清扫出5～12m的安全宽度。而智能地雷场则需要被清扫出200m左右的安全宽度。清扫智能雷场的扫雷车很容易受到智能雷场的威胁，这就大大增加了扫雷作业的难度，扩大了雷场的障碍范围，提高了雷场的战场生存能力。常见的智能地雷主要包括反坦克智能地雷和反直升机智能地雷等。

（一）钢铁猛兽的噩梦——反坦克智能地雷

反坦克智能地雷采用声 / 震预警探测、毫米波 / 红外 / 激光末端敏感、自锻弹丸和计算机控制等先进技术，能够自动搜索、发现目标，判别目标种类，探测目标方位、速度、距离，计算目标运动轨迹，跟踪目标运动，调整攻击方向，自主发射自寻的攻击子弹药，从空中攻击坦克顶甲摧毁目标，是一种具有信息化特征的地雷装备。

波兰 MPBK-ZN“尤卡”智能反坦克地雷

美国的 M93 式广域地雷（又称“大黄蜂”广域弹药 WAM）主要由传感器阵列、Skeet 末敏子弹药、发射装置、控制系统和通信模块等组成。布设时展开支腿和包括三个声传感器、一个震动传感器的传感器阵列，地雷进入警戒状态。当传感器阵列感受到目标噪声和震动时，地雷由警戒状态转入战斗状态。控制系统计算、跟踪目标，当目标进入攻击范围时，发射末敏子弹药，子弹药在空中作旋转运动，利用双色红外敏感器扫描搜索目标，在最佳攻击点起爆形成自锻弹丸攻击坦克顶甲。

美国 M93 式广域地雷

法国“玛扎克”（MAZAC）声控增程反装甲地雷由声 / 震传感器、地面发射平台、末敏子弹药、控制系统等组成，最大特点是有两个发射筒和两枚子弹药，以提高命中概率。当声传感器和震动传感器探测到坦克装甲车辆行驶产生的噪声和振动时，控制系统开始对目标进行识别，计算出目标的初始位置并自动进行跟踪。当目标行进至 200m 左右距离时，地雷自动同时发射两枚子弹药。子弹药装有红外传感器，以 20r/s、50m/s 的速度飞行，一旦捕捉到目标，即起爆战斗部，射出自锻弹丸，击穿目标顶甲。

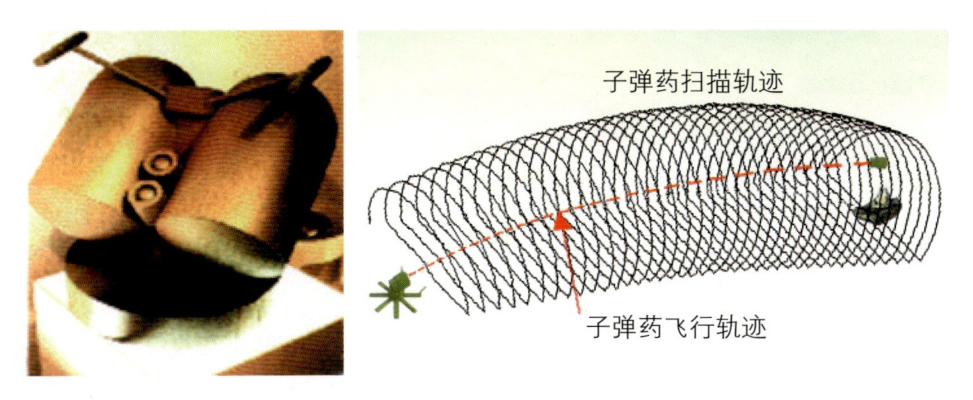

法国“玛扎克”智能雷

德国 ADW 智能雷于 2002 年 7 月在法国国际防务展上展出了样机，外观和结构上与美国的 M93 式广域地雷类似，最大特点是其采用的 SMArt 末敏子弹药。该雷抛出子弹药后，子弹药在旋转伞导引下，对地面以阿基米德螺旋线形式扫描，一旦发现目标，即引爆自锻弹丸战斗部，攻击坦克顶甲。

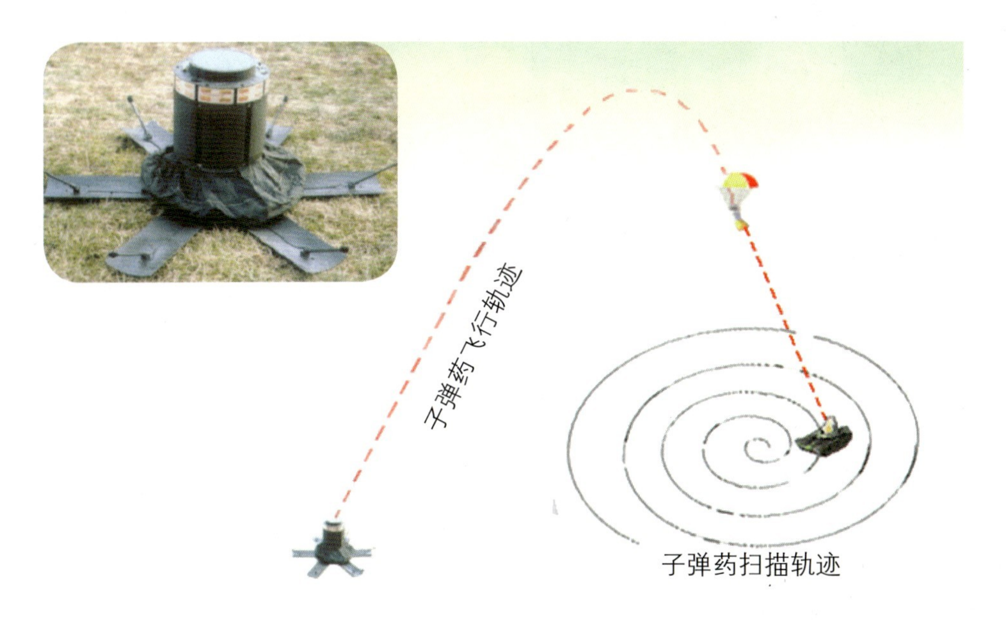

德国的 ADW 智能雷

美国在反坦克智能雷研究上一直处于领先地位。目前，随着网络化概念与技术的发展，美国除对M93式广域地雷不断进行改进外，正在探索、研究一种未来型智能弹药系统（IMS或者XM1100“蝎子”）。据报道，智能弹药系统是美国陆军未来战斗系统（FCS）的一个子系统，主要由声/震/磁地面预警探测器、精确定位脉冲雷达、反装甲子弹药、反步兵子弹药和GPS定位/通信模块等组成，可以多种方式布设，能够自行组网、自动报告位置和接受作战指控系统的控制，是一种无人值守的、具有网络化控制功能的智能区域障碍武器。该系统攻击装甲目标时，从地面垂直向上发射子弹药，子弹药上的传感器螺旋上升扫描，探测到目标后，采用自锻弹丸战斗部攻击目标顶甲，防御直径100m左右。反步兵子弹药能够感应和杀伤接近的人员。2006年10月9日—11日，在华盛顿会议中心举办的美国陆军协会（Association of United States Army，ASUA）年会暨展示会上，展出了IMS原理样机。2010年1月19日，德克斯特朗防御系统公司宣布该公司的XM1100“蝎子”网络传感器与弹药系统在新墨西哥州的白沙导弹靶场成功地完成了一系列严酷苛刻的试验。

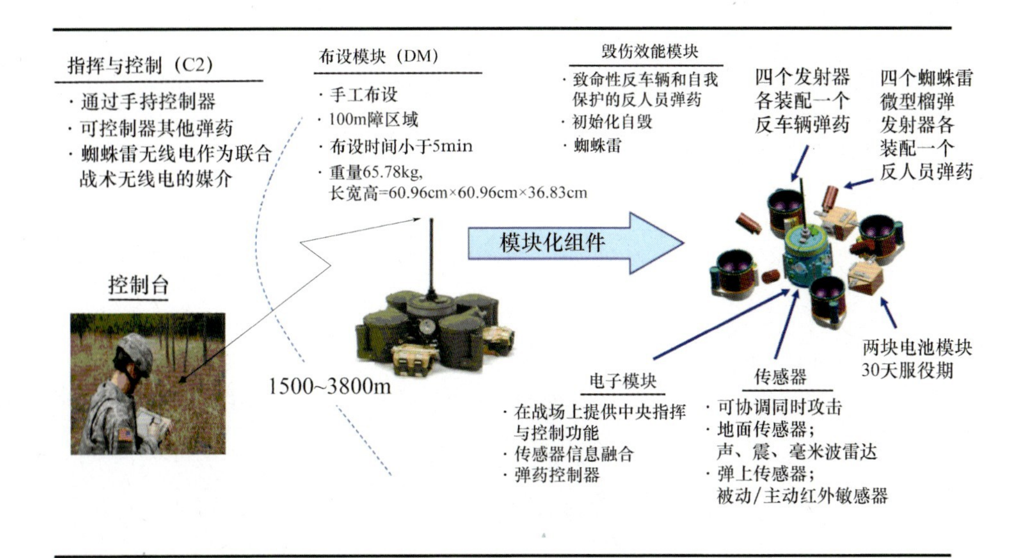

XM1100“蝎子”网络传感器与弹药系统

（二）捕获“空中坦克”的地网——反直升机智能雷

反直升机智能雷结合声预警技术、目标探测技术、稳定发射技术、敏感识别技术和定向战斗部技术等诸多技术，突破了传统地雷的作战方式，能够在复杂的战场环境中无人值守工作，可自动警戒、探测和识别目标，自动瞄准定位目标，在最佳时机实施攻击，从而对目标造成最大程度的毁伤。

俄罗斯研制的 TEMP20 型反直升机地雷，采用的是声／红外复合传感器。系统作用原理为：由人工将地雷布设在直升机经常出没的地方，声传感器能在 3200m 内从爆炸、射击和地面装备发动机的声响等背景条件下准确判别出直升机发动机发出的声响，并辨明其方向。当目标距地雷 1000m 时，地面发控装置控制地雷快速转向目标，同时启动红外传感器来锁定目标的方向和距离。当目标进入杀伤区域后，地雷引爆，并向空中射出一枚飞行速度为 2500m/s 的爆炸成型弹丸（EFP），可将飞行高度在 200m 以内的直升机摧毁。地雷专家认为，使用反直升机地雷将迫使敌攻击直升机不敢低空飞行，拉高飞行后容易被传统的防空武器击落。

特克斯特伦防御系统公司研制的反直升机地雷性能较为先进，但成本较高。该雷采用 4 个声学传感器探测和识别目标，并利用红外传感器近距离瞄准目标。一旦发现目标，该雷使用发射药将地雷抛向目标，然后利用弹体内的

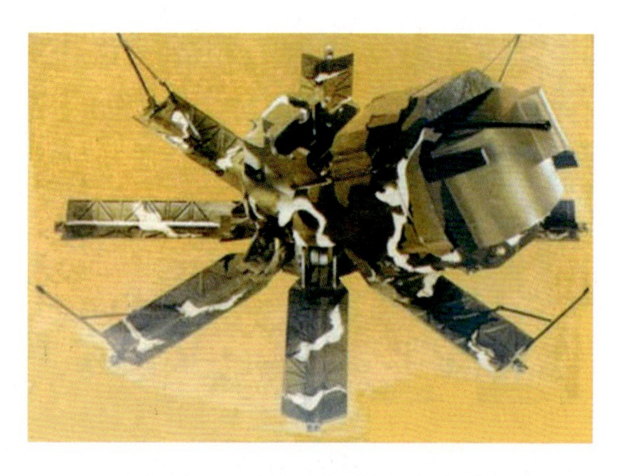

美国特克斯特伦防御系统公司的 AHM

27 个爆炸成型弹丸（EFP）在爆炸时产生的弹丸束有效地攻击目标。这种地雷可防御的范围是半径 500m、高度 200m 的空域。

保加利亚研制的反直升机智能雷有 AHM-200-1、AHM-200-2、AHM-100、PMN-150 和 PMN-250 等多个型号。其中，AHM-200-1 和 AHM-200-2 系列反直升机地雷于 1996 年首次亮相，系统全重均为 90kg，采用人工方式布设，利用声传感器和多普勒雷达探测目标。战斗部均有两种方案，AHM-200-1 型为单 EFP 和球形钢珠，AHM-200-2 型为 MEFP 和方形钢块，而且前者的攻击高度为 100m，后者的攻击高度为 200m。系统作用流程为，地雷布设后声传感器即处于监听状态，当直升机飞至距离地雷 500m 以内时，声传感器探测到直升机的声音信号，并锁定频率，当直升机飞至 150m（或 250m）时，多普勒雷达启动并开始测量，同时地雷解除保险，处于待发状态，当直升机飞至 100m（或 200m）距离时，战斗部起爆，形成一个 EFP 弹丸和大量球形钢珠约 1600 枚（或多个 EFP 弹丸和大量方形钢块约 2000 枚）飞向目标，对瞄准的直升机实施毁伤。

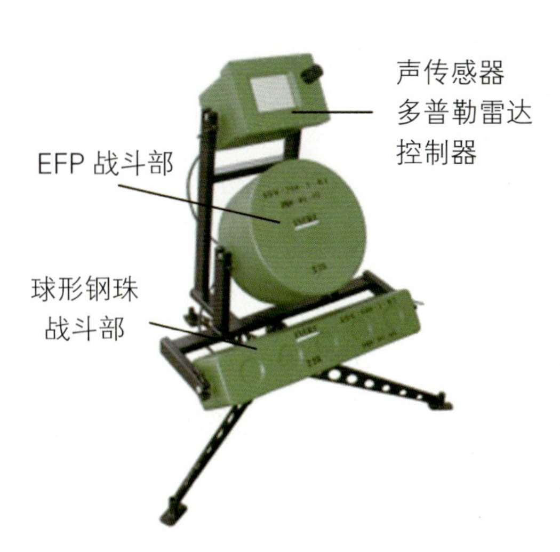

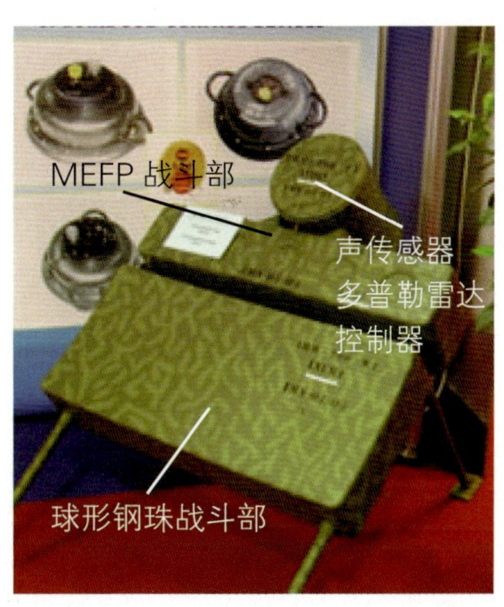

保加利亚的 AHM-200-1 和 AHM-200-2

AHM-100由1个控制雷和4个攻击雷组成，系统全重125kg，由人工进行布设。布设完成后声传感器即处于监听状态，当直升机飞至距离地雷500m以内时，声传感器探测到直升机的声音信号，并锁定频率，当直升机飞至150m时，多普勒雷达启动并开始测量，同时地雷解除保险，处于待发状态，当直升机飞至100m距离时，4个攻击雷战斗部同时起爆，大量预制破片以锥形散布向上飞向目标，对直升机实施毁伤。目前，这种雷还在研制中。

保加利亚的4AHM-100

PMN-150和PMN-250是定向大面积破片杀伤能力的破片型地雷，它们的攻击范围是水平面上60° 的弧形区域。PMN-150能够产生有效射程为150m的1500个片段。PMN-250能够产生有效射程为250m的2100个片段。这种雷可以被遥控触发或者解除。

目前智能地雷正在发展成为一种无人值守的、具有网络化控制功能的智能区域障碍武器。它可以多种方式布设，能够自行组网、自动报告位置和接受作战指控系统的控制。

三、小精灵——制导子弹药

制导子弹药可以理解为传统的子母弹中的“子弹”。制导子弹药由无人机、火箭炮、坦克炮等多种平台投放，一般无动力，采用声光电等方法探测目标，甚至加装导引头。单次发射一般投放多个制导子弹药，可大幅度提高效费比。在此主要介绍美国的机载子弹药“毒蛇”和火箭炮子弹药“蝙蝠”。

（一）“毒蛇”子弹药

GBU-44/B“毒蛇”子弹药是一种小型化无人机载子弹药，由诺斯罗

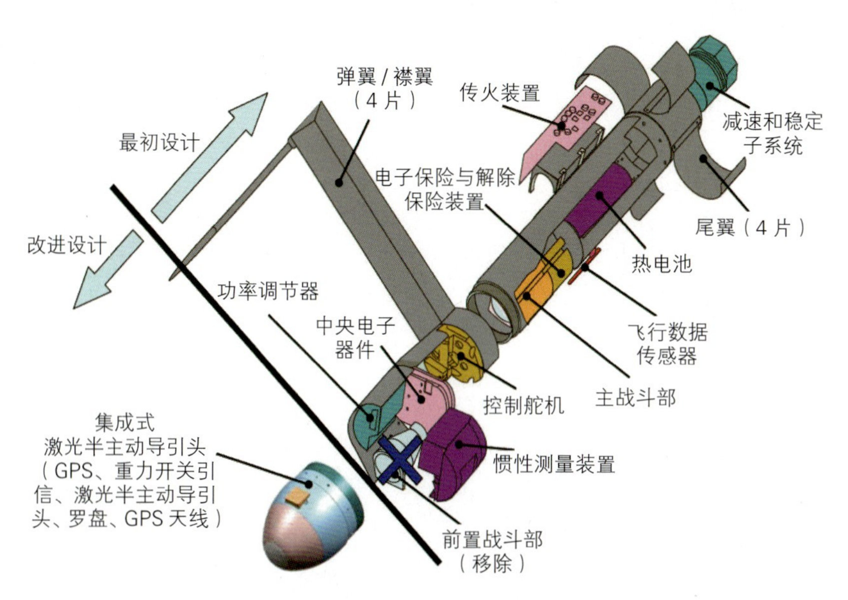

GPS 制导“毒蛇”制导弹药结构剖视图

普·格鲁曼公司在 BAT 子弹药的基础上为美国陆军无人机研制。2007 年 9 月 1 日，美国陆军“猎人”无人机在伊拉克战场内实战使用了 GBU-44/B“毒蛇”子弹药。

“毒蛇”子弹药引入了 GPS 制导，子弹药的射程增加，可防区外远距离攻击目标。另外，“毒蛇”子弹药还将加装数据链，具备对付移动目标和同时攻击多个目标的能力。据称，“毒蛇”子弹药还有可能采用红外 / 毫米波复合导引头。

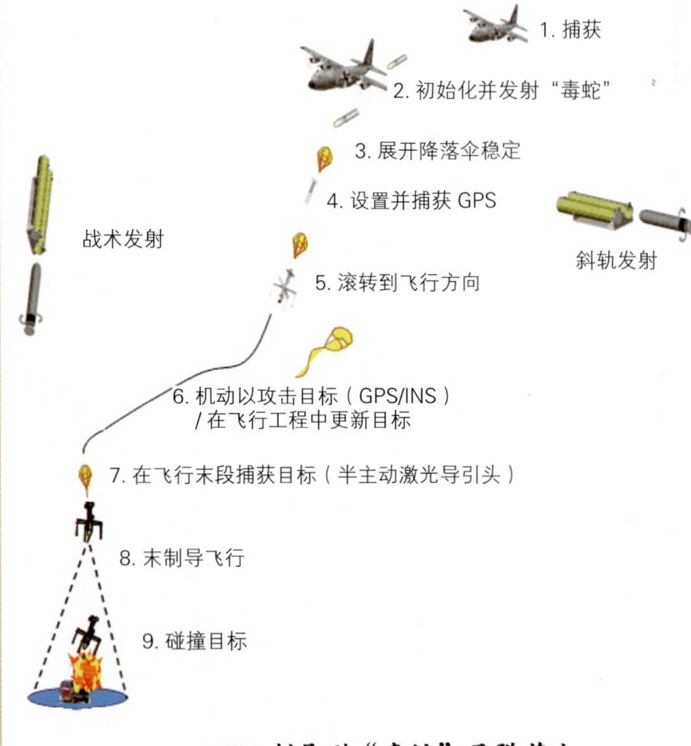

GPS 制导型“毒蛇”子弹药空中投放使用过程示意图

2009年9月1日，美国诺思罗普·格鲁曼公司在白沙导弹靶场，利用“猎人”无人机成功完成了新型GPS制导GBU-44/B“毒蛇”子弹药的投放试验。

挂在猎人无人机下方的“毒蛇”子弹药

（二）“蝙蝠”子弹药

“蝙蝠”（M93E3 Brilliant Anti-armor (BAT) submunition）反装甲末制导子弹药项目由美国陆军资助，陆军导弹司令部执行。合同商是诺思罗普公司，具体的研制和制造工作由该公司的电子系统分部承担，雷锡恩公司作为主要的子合同公司参加该项目的研制。

BAT子弹药是一种新型的自主搜索、识别并攻击装甲目标的“智能”弹药，即“发射后不管”的自主式反装甲子弹药。BAT采用高灵敏度的声频探测技术，能够像蝙蝠那样利用声频来探测物体，故得名“蝙蝠”。

BAT 子弹药翼端装有一个向前伸出的声学传感器

发展这种武器旨在填补美国陆军火力支援系统中攻击 100km 以外敌装甲目标的空白，BAT 子弹药准备用陆海空三军远距离攻击导弹（TSSAM）的地面发射型 MGM — 137 和陆军战术导弹系统（ATACMS）的 Block Ⅱ型运载，

M270 火箭炮发射陆军战术导弹（ATACMS）Block Ⅱ型

这两种导弹都由 MLRS 多管火箭发射器发射，用来攻击敌方纵深的装甲目标。

BAT 子弹药无动力装置，从载体中抛出以后，依靠惯性滑行至目标区域上空。其弹体尾部装有 4 片成十字形分布的卷弧型尾翼，以增加 BAT 子弹药在飞行过程中的稳定性。弹体中部装有 4 个与弹体纵轴垂直的，成十字型分布的折叠式弹翼，用来控制飞行姿态。每个弹翼的翼端都装有一个向前伸出的声学传感器。

BAT 子弹药从 ATACM Block Ⅱ导弹中抛射出后，展开减速装置

BAT子弹药在作战使用之前需要进行战场情报准备，分析敌方的战斗进程。判断敌方可能采取的重大军事行动之后，由M270系统发射的ATACMS Block Ⅱ型战术导弹运载到距目标100～500m处的目标区进行布散。每枚ATACMS Block Ⅱ能携带13枚BAT子弹药，BAT子弹药从Block Ⅱ导弹的战斗部内抛撒出来以后，打开充气减速装置并且以较低的速度进行无动力滑翔。而后，BAT减慢到亚音速，打开主降落伞，展开尾翼和弹翼，并通过子弹药自身携带的高度表和计时装置等，在预定高度上启动各个弹翼尖端的声学传感器，开始向下测听，可以侦听6km内重型柴油发动机或4km内稍静一点的目标声音。在发现运动装甲目标之前，BAT由主降落伞悬挂在空中。一旦确定运动坦克纵队的位置和方向，BAT转换为滑翔状态，割断主降落伞，并展开辅降落伞，启动前端被动红外探测器。声学传感器指引被动红外探测器探测目标。当被动红外探测器捕捉到目标后，BAT割断辅降落伞，自动飞向目标，从上向下攻击目标防护最薄弱的顶装甲，将目标摧毁。BAT设计了不同的飞行轨迹，从而可分别打击不同目标。

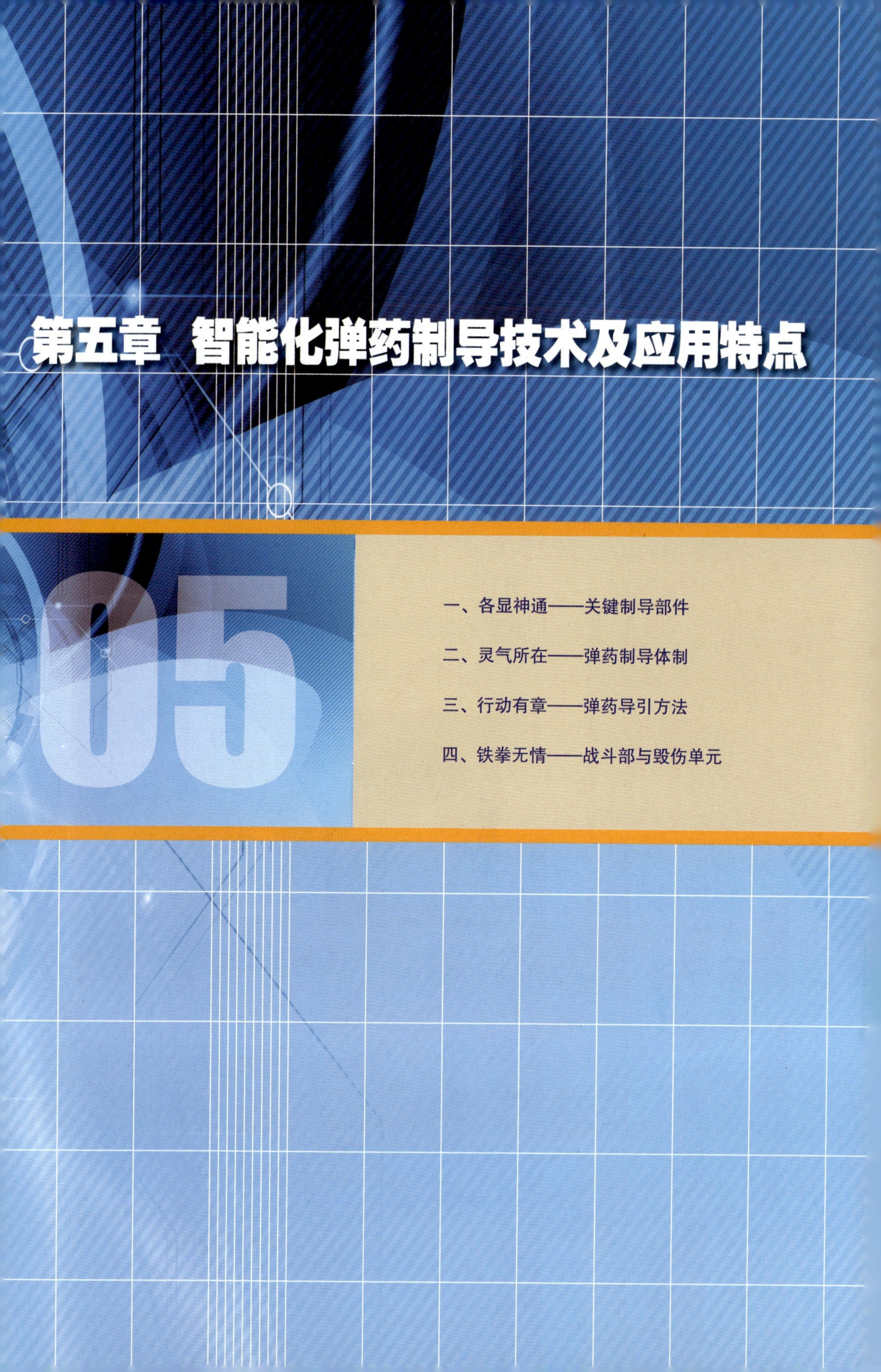

第五章 智能化弹药制导技术及应用特点

05

一、各显神通——关键制导部件

（一）导引头

导引头是智能化弹药的关键制导部件之一，其基本功能是测量弹目相对运动信息，一般为弹目连线的角速度等信息，是制导弹药末段控制指令形成的基础，对制导精度产生直接影响，是智能化弹药实现精确打击的核心部件。

智能化弹药导引头具有口径小、结构紧凑、重量轻、精度高的特点，主要由头罩、探测器、伺服系统、信号处理系统、电源和结构件等组成。导引头包括单模与多模两大类。单模导引头主

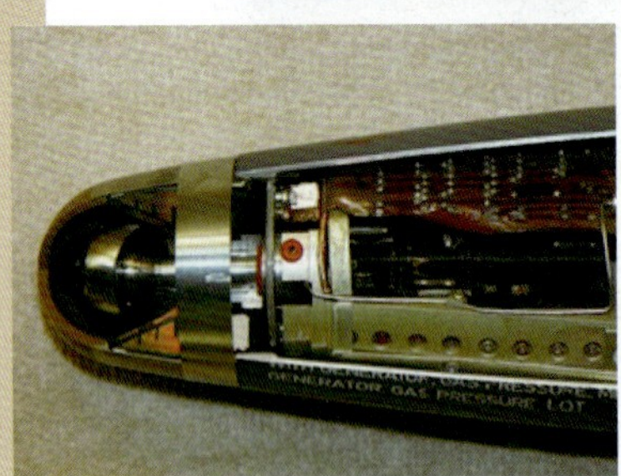

智能化弹药采用的导引头
（从左至右依次为电视、红外成像、激光半主动与毫米波雷达导引头）

要有电视导引头、激光半主动导引头和红外成像导引头三类光学导引头以及毫米波雷达导引头。多模导引头则包括毫米波/激光半主动导引头、毫米波/红外成像导引头、红外成像/激光半主动三类双模导引头和毫米波/红外成像/激光半主动三模导引头。

各类导引头的典型特点

性能	微波	毫米波	光学	多模
识别能力	差	良	优	优
定位精度	差	良	优	良
测距、测速能力	有	有	无	有
搜索范围	优	良	差	良
气象适用性	优	良	差	优
烟尘环境适用性	优	优	差	优
天候适用性（昼夜）	优	优	差	优
结构尺寸、重量	大	较小	小	较小
造价	较低	较高	低	较高

（二）导航装置

目前智能化弹药上采用的导航装置包括惯性导航装置和组合导航装置。

惯性导航装置由陀螺仪和加速度计等组成。陀螺仪是重要的测姿（角）仪器，是高速旋转的对称刚体及其悬挂装置的总称。陀螺仪具有三个基本特性，即定轴性、进动特性和章动特性。根据具体测角原理的不同，陀螺仪分为框架陀螺仪、挠性陀螺、微机电陀螺、光纤陀螺和激光陀螺。加速度计是测量运载体视加速度的仪表，加速度计的类型较多，按检测质量的位移方式分类有线性加速度计(检测质量作线位移)和摆式加速度计（检测质量绕支承轴转动）；按支承方式分类有宝石支承、挠性支承、气浮、液浮、磁悬浮和静电悬浮等；按传感元件分类，有压电式、压阻式和电位器式等。

典型陀螺仪
（从左至右依次为挠性、激光和光纤陀螺）

各种类型的加速度计

惯性导航装置的优点是测量信息多，输出频率高，完全自主测量，不易受干扰，缺点是导航精度随时间积累会变差。组合导航是指两种或两种以上导航技术的组合，组合后的系统称为组合导航系统。组合导航是现代导航理论和技术发展的结果，每种单一导航系统都有各自的独持性能和局限性。把几种不同的导航系统组合在一起，就能利用多种信息源互相补充，构成一种有多余度和导航准确度更高的多功能系统。根据不同的要求与目的，有各种不同的组合导航系统，但多以惯性导航系统作为主要基础导航系统，最常用的组合导航装置是惯性与卫星组合导航装置，即 INS/GPS 组合导航装置。组合导航的实质是以计算机为中心，将各个导航传感器送来的信息加以综合和最优化数学处理，然后对导航参数进行综合输出。目前射程较远、用于攻击高价值战术目标的武器上多采用组合导航装置，以保障中段制导具有足够的精度。

几种基于微机电 MEMS 器件的组合导航装置

（三）弹载计算机

弹载计算机是控制模型和导引律实现的硬件载体，弹载计算机在具有高可靠性的同时，还要有足够的运算能力，以对弹药进行实时控制。ARM（Advanced RISC Machines）架构广泛地使用在许多嵌入式系统设计中，非常适用于智能化弹药弹载计算机设计，DSP、FPGA、单片机等也在弹载计算机设计中大量应用。

ARM 微处理器

（四）舵机

舵机是智能化弹药的执行机构，其作用是根据控制信号的要求，操纵舵面偏转产生操纵导弹运动的控制力矩。根据所用能源形式的不同，舵机可分为液压舵机、气动舵机、燃气舵机以及电动舵机等不同类型。

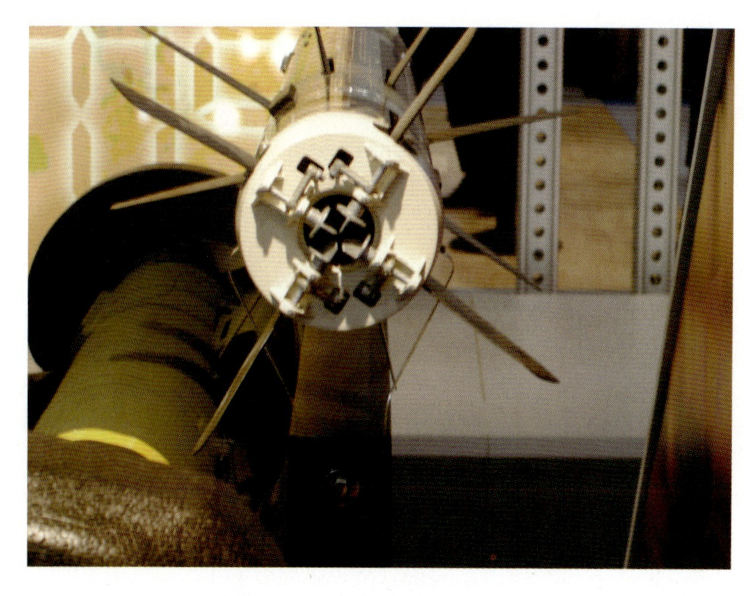

“标枪”气动/燃气复合舵机

二、灵气所在——弹药制导体制

（一）制导体制一览

智能化弹药可选用的制导系统种类很多，按制导系统的特点和工作原理，可分为遥控制导、寻的制导、自主制导和复合制导。

1. 遥控制导

遥控制导是根据导弹以外的制导站发送的无线电指令或有线指令对导弹进行导引和控制的制导方式。与其他制导方式的根本区别在于，控制导弹的指令是由地面制导站根据所测得的目标和弹道参数及选定的导引规律计算形成，并通过指令发射装置发送到弹上，由弹上设备接收并通过弹上控制系统完成导弹飞行控制。遥控制导系统一般由目标/导弹跟踪测量装置、指令形成装置、指令发送装置、指令接收装置和控制装置组成。其特点是大部分设备在地面，弹载设备简单，成本较低，缺点是制导效果会受到作用距离的影响。

遥控制导常用于攻击活动目标，它可分为指令制导、波束制导等。

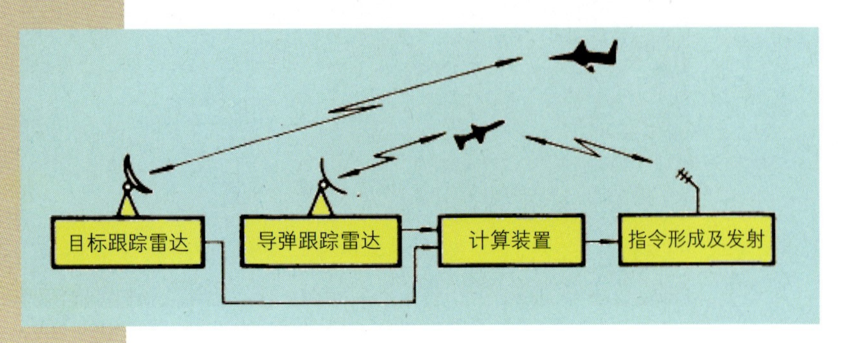

指令制导原理图

波束制导又称驾束制导，是由弹外制导站发送波束瞄准目标，弹上导引装置控制导弹沿波束中心飞向目标的制导。

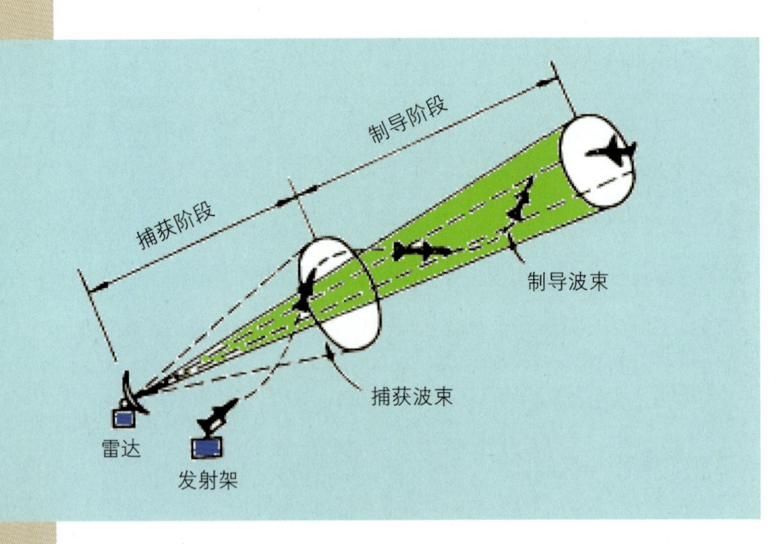

波束制导原理图

2. 寻的制导

寻的制导是利用目标辐射或反射的能量，如微波、毫米波、红外、激光、可见光等，由导引头测量导弹和目标的相对运动参数，按一定的导引规律形成制导指令，引导导弹自动飞向目标。

按照目标信息源所处的位置，寻的制导可分为：

（1）主动寻的制导。由弹上导引装置向目标发射能量，并接受目标反射回来的能量，形成导引信号，控制导弹飞向目标的制导方式。常用作复合制导中的末制导。

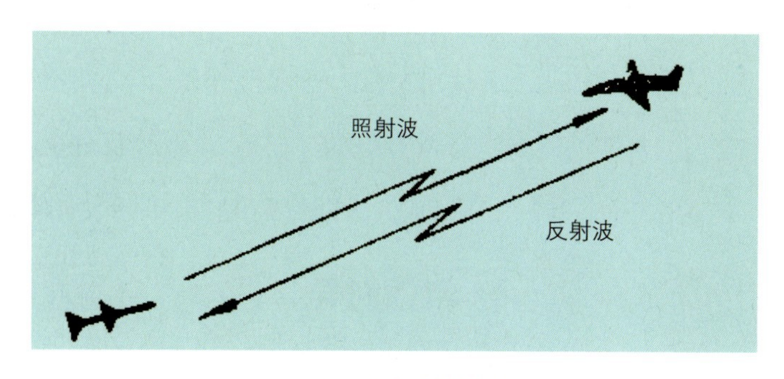

主动寻的制导

（2）半主动寻的制导。由弹外制导站向目标发射能量，弹上接收目标反射回来的能量，形成导引信号，控制导弹飞向目标的制导方式。

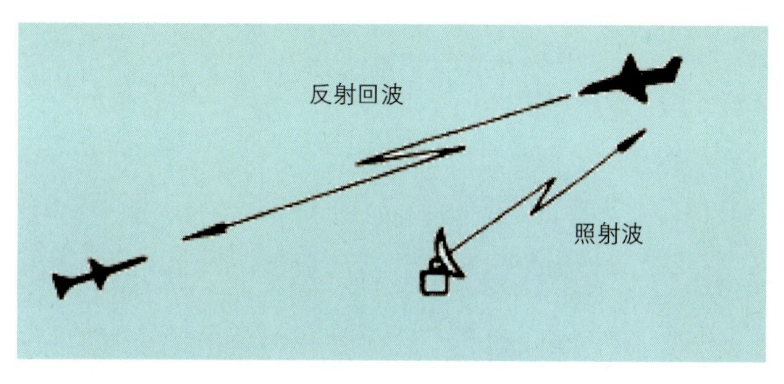

半主动寻的制导

（3）被动寻的制导。由弹上导引装置接受目标辐射的能量，形成导引信号，控制导弹飞向目标的制导方式。

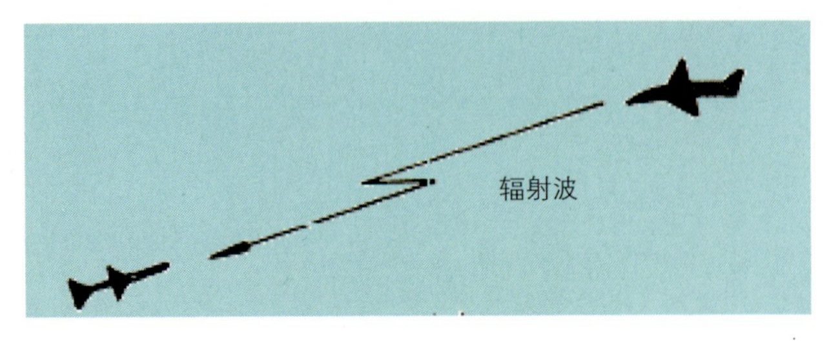

被动寻的制导

按目标信息的物理特性，被动寻的制导可以分为雷达波寻的制导、毫米波寻的制导、电视寻的制导、红外寻的制导、激光寻的制导等。

3. 惯性制导

惯性制导系统是指利用弹上的惯性元件，测量导弹相对于惯性空间的运动参数，在完全自主的基础上，由计算机算出导弹的速度、位置和姿态等参数，形成控制信号。惯性制导系统中使用的测量元件是陀螺仪和加速度计，前者用于测量弹体相对于惯性空间的角运动，后者用于测量弹体相对于惯性空间的线运动。惯性制导系统有独特的优点，它不依赖于外界的任何信息，不受外界的干扰，也不向外界发射任何能量，所以有较强的抗干扰能力和良好的隐蔽性，可根据成本的要求选择捷联式或平台式惯性系统，在精确制导武器中得到广泛的应用。

4. 复合制导

复合制导是指在导弹飞向目标的过程中，采用两种或多种制导方式，相互衔接、协调配合共同完成制导的一种新型制导方式。随着战场环境的日益变化和高技术对抗兵器（高速度、高精度和远射程的尖端空袭武器等）的严重威胁，对导弹武器提出严峻挑战和越来越高的要求（如要求导弹作用距离远、命中精度高、突防能力强、抗干扰性能好等），这就使得单一制导体制无法满足要求。因此，采用初制导来定向、定位，中制导提高射程，末制导提高命中精度的复合制导体制成了导弹武器系统发展的趋势。

根据导弹在整个飞行过程或各飞行段上制导方式的组合方法不同，复合制导可分为串联、并联和串并联等三种复合制导形式。串联复合制导就是在导弹不同飞行弹道段上采用不同的制导方式。并联复合制导则是在导弹整个飞行过程中或在某段飞行弹道上同时采用几种制导方式。当然，串并联复合制导应该是既有串联又有并联的混合制导方式。随着对反坦克导弹作战性能指标要求的不断提高，越来越多的反坦克导弹通过采用复合制导体制途径来提高制导性能。

以上介绍的制导体制在智能化弹药领域都有应用，但是当前应用最广、发展最快的，主要是激光半主动、激光驾束、电视／红外图像制导、毫米波制导和复合制导几类。下面主要就这几类制导体制进行详细介绍。

（二）激光半主动制导

激光半主动制导是由弹外发射的激光束照射目标，弹上的激光导引头等制导装置利用目标反射光束，跟踪目标，导引导弹或制导炸弹命中目标的制导方式。

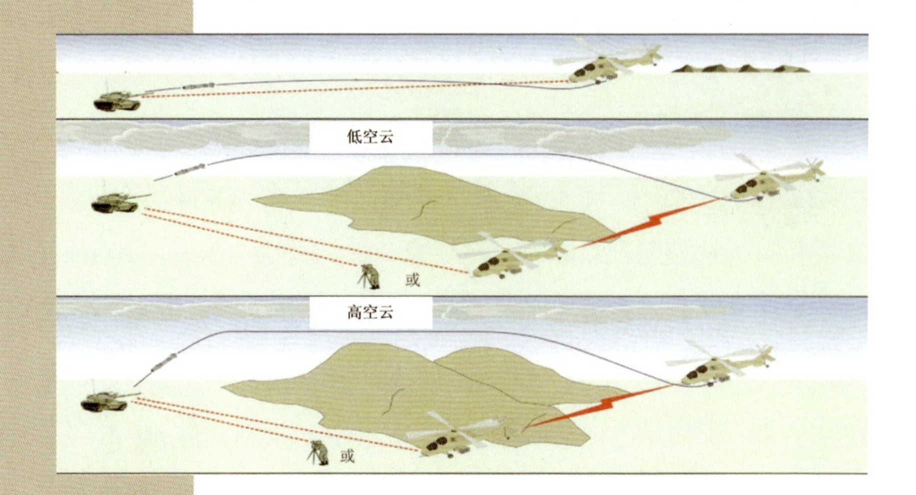

南非“莫可帕”激光半主动导弹的发射方式

以色列“猎人”远程激光半主动制导导弹

典型的激光半主动制导武器系统主要由带激光半主动导引头的导弹及发射平台和激光目标指示器构成，其原理是：射手发射导弹，照射手向目标发射经过编码的激光波束，持续跟踪照射目标，导弹上的导引头根据目标反射的激光回波信息，按照选定的制导和控制规律控制导弹，最终命中目标。激光半主动具有很高的制导精度和较强的抗干扰能力，可实现有限的发射后不管。与激光驾束制导体制相比，具有发射点和照射点配置灵活的优点，另外由于照射手或射手参与目标识别，可大大提高命中精度，避免误杀伤和重复杀伤。

（三）激光驾束制导

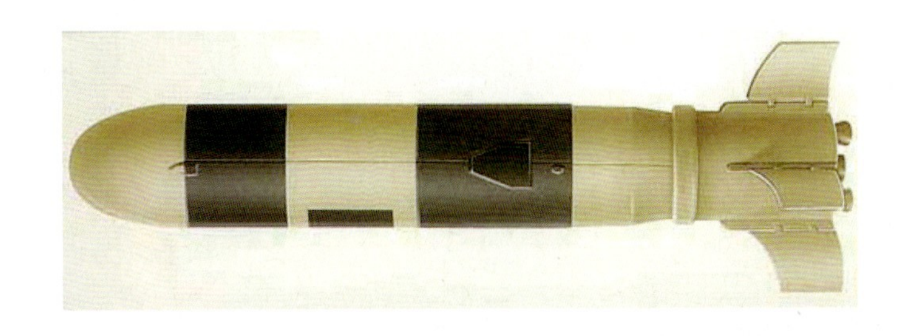

法国中程“崔格特”激光驾束反坦克导弹

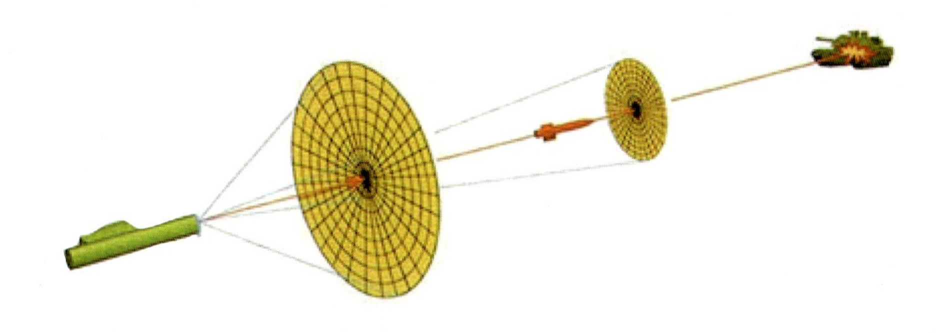

“崔格特”激光驾束制导原理

激光驾束制导武器系统由激光照射系统、导弹和发射装置组成，其原理是武器系统通过发射瞄准装置瞄准跟踪目标并发射导弹，同时与发射制导装置瞄准线同轴安装的激光发射装置向目标空间发射经编码调制的激光束，激光束在导弹飞行的空间形成控制场，导弹发射后在激光束中心飞行，当导弹偏离激光束中心时，尾部感应激光控制场中心的光电探测装置测量出偏离大小和方向，经弹上制导控制装置形成控制信号，将导弹修正到瞄准线中心上，最终命中目标。激光单色亮度高、方向性好、相干性好，可准确的定向发射，进行多种编码，有很强的抗干扰能力。与采用导引头的制导体制相比，激光驾束制导具有结构简单、成本低的优点。

（四）图像制导

1. 电视制导

电视制导系统由光学系统、电视摄像机、电视自动跟踪电路和伺服系统组成，利用可见光 CCD 或电视摄像机作为制导系统的敏感器件获得目标图像信息，形成控制信号，从而控

德国 IDAS 光纤电视成像制导导弹

制和引导导弹飞向目标。电视制导技术可根据摄像机和指令装置的位置分为三种：两者均在弹上即电视寻的制导，前者在弹上、后者不在即电视遥控制导，两者均不在弹上即电视跟踪指令制导。

电视制导技术的应用始于第二次世界大战，迄今为止，各军事强国先后研制装备了多种电视制导导弹，电视制导技术正朝着自主寻的、高精度、智能化和轻小型化方向发展。

2. 红外图像制导

红外制导技术是利用红外探测器对目标红外辐射的探测，实现对目标的检测、识别与跟踪，根据探测结果向飞行器控制系统输入目标位置信息，控制飞行器飞向目标。

自然界一切物体都会因微观运动辐射红外线，物体温度越高，微观运动越剧烈，辐射能量越大。大气对红外线有两个“窗口”，即波长3~5μm 和 8~12μm 的红外辐射可以在大气中传播，人们利用红外辐射在大气中的传播，可以在黑夜清晰的勘测前方情况，完成全天候监测，正是

美国“标枪”红外成像反坦克导弹

“独眼巨人”的红外摄像机

欧洲“独眼巨人”光纤电视/
红外图像制导多用途导弹

红外的这个特点，使红外技术广泛应用于军事领域。红外制导技术经历了红外点源、红外扫描成像、凝视红外成像制导三个发展阶段。

20世纪70年代以前属于红外制导技术发展的第一阶段，主要采用红外点源制导，典型特征为采用单元探测器、不成像，可应用于背景较简单的空中目标或陆地目标，这一代的产品灵敏度低，抗干扰能力差，跟踪角速度低。70年代中后期是红外制导技术发展的第二阶段，主要采用红外扫描成像制导方式，典型特征为包含扫描机构，通过扫描对目标成像。80年代至今为红外制导技术发展第三阶段，主要采用凝视红外成像制导技术，可直接形成二维图像，探测波段也从中短波扩展到长波，使探测距离、跟踪精度大幅提高，具有更高的抗干扰能力，实现了“发射后不管”。

（五）毫米波制导

自雷达时代开始以来，人们用了近50年的时间才进入毫米波频谱区域。毫米波介于微波和红外波之间，兼具全天候和分辨率高的优点，是精确制导武器较为理想的波段之一。随着对目标自主识别需求的出现，毫米波制导体制已发展至高分辨一维成像，并正在发展为性能更为优越的二维成像制导技术。

美国的“长弓—海尔法”导弹和英国的“硫磺石”导弹是目前两种比较典型的采用主动毫米波雷达制导的空地导弹。

“长弓海尔法”毫米波制导导弹

“硫磺石”毫米波制导导弹

“狂风”战斗机携带 12 枚硫磺石导弹

（六）复合制导

所谓复合制导是指由多种模式的寻的信号参与制导（通常为末制导），共同完成导弹的寻的制导任务。多模复合寻的制导属于复合制导方式，而且是一种典型的并联复合制导方式。

目前，正在应用和研制中的多模复合寻的制导主要是采用双模复合（导引头）形式，其中包括紫外/红外、可见光/红外、激光/红外、微波/红外、毫米波/红外、毫米波/红外成像等。而最主要的是紫外/红外、微波/红外和毫米波/红外双模复合寻的制导。

多模复合寻的制导的实质是多模复合探测、信息融合处理及最优化导引控制等技术在导弹制导控制系统中的最新应用。它利用多传感器探测手段获取目标信息，经计算机综合处理，得出目标与背景（包括干扰环境）的复合信息，然后进行目标识别、捕获和跟踪，借助最优化导引律和相应的实时控制软件形成制导指令，在末制导段导引导弹飞行，最终实现高精度命中目标。

理论与实践证明，采用多模复合寻的制导具有如下突出特点或优势：

（1）有效对抗敌方的多种形式干扰（电、磁、光、热、声等）；

（2）可有效地识别目标伪装与欺骗，成功地识别目标及其要害（薄弱）部位；

（3）可充分发挥高新技术，尤其是微电子技术、光电技术和信息融合技术对制导控制系统发展的支撑潜力；

（4）可有效地增大导弹武器捕捉概率和攻击成功概率，提高其突防能力；

（5）可大幅地提高导弹武器系统的寻的制导精度。

综上所述，多模复合寻的制导是一种极具发展潜力和应用前景的新型制导技术。

2010 年 8 月，美国雷声公司的 GBU-53/B 凭借其改良的激光半主动非致冷红外/毫米波雷达三模导引头赢得了小直径炸弹 SDB Ⅱ项目的第二阶段合同，开始工程研制，合同经费为 4.5 亿美元。

波音公司的联合通用导弹发射瞬间

2010年8—9月，洛克希德·马丁公司和雷声/波音公司团队分别对联合空对地导弹激光半主动/非致冷红外/毫米波雷达三模导引

雷声/波音公司联合空对地导弹三模导引头

头中的每一种制导模式进行了政府“记分”试验。试验中，雷声／波音公司团队的3发导弹全部命中目标。

“长弓－阿帕奇”挂载联合空对地导弹（三模导引头）（JAGM）

“超级大黄蜂”挂载联合空对地导弹（三模导引头）（JAGM）

三、行动有章——弹药导引方法

前面提到，组合导航装置解决“我在哪”，导引头解决“往哪飞”，而导引方法解决的则是“按什么规律飞”的问题，它决定了导弹在飞向目标的整个过程中所应遵循的运动规律。常用的导引方法主要有三点法、追踪法、前置量法、比例导引法、平行接近法和最优制导等。

（一）三点法

三点法导引要求控制导弹沿瞄准线飞行，即制导站、导弹以及目标三点在一条直线上，故称为三点法。三点法导引是遥控制导体制下的主要导引律，在指令制导和波束制导中大量应用，在一些复合制导导弹的中制导段也常常采用。三点法导引的主要优点是技术实施简单，

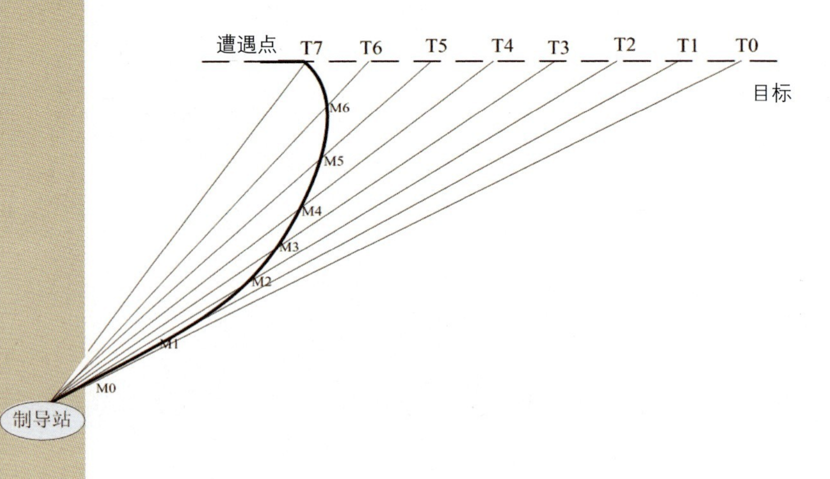

三点法导引弹道

抗干扰性能好，但其弹道比较弯曲，需用法向过载较大。

（二）追踪法

追踪法是控制导弹弹轴或速度矢量时刻指向目标的一种导引方法。弹轴指向目标称为姿态追踪法，速度矢量指向目标称为速度追踪法。前者的特点是容易实现，一般测量弹目线与弹轴的夹角。后者在制导过程中导弹速度矢量与弹目线重合，一般测量速度矢量与弹目线的夹角。

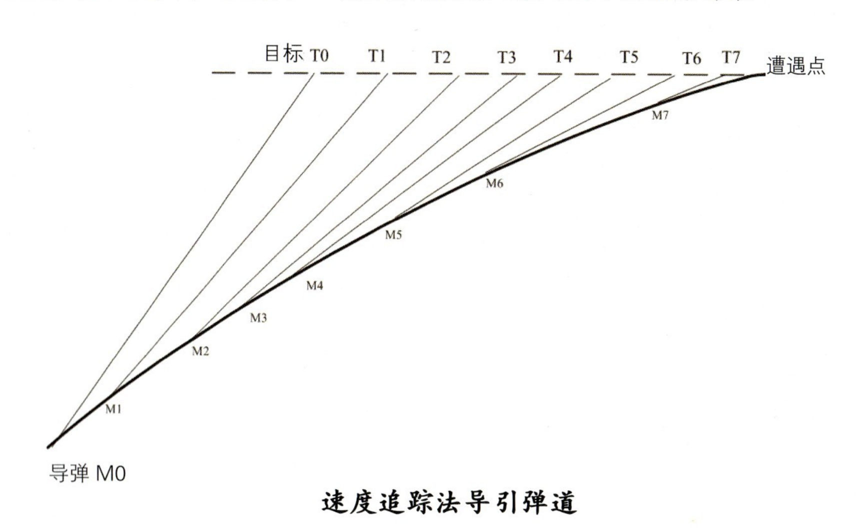

速度追踪法导引弹道

（三）比例导引法

比例导引是要求控制导弹速度矢量转动角速度与弹目线转动角速度成比例的一种导引方法，该比值称为导航比。比例导引法是介于追踪法和平行接近法之间的一种导引方法， 导航比取 1 时，它就是追踪法，当导航比趋于∞时，则是平行接近法。比例导引法的特点是：导弹跟踪目标时，总是使导弹向着减小视线角速度的方向运动，尽量使导弹的导引弹道平直，从而对付机动目标。所以，比例导引是自动寻的导引中最重要的一种导引律，应用也最为广泛。

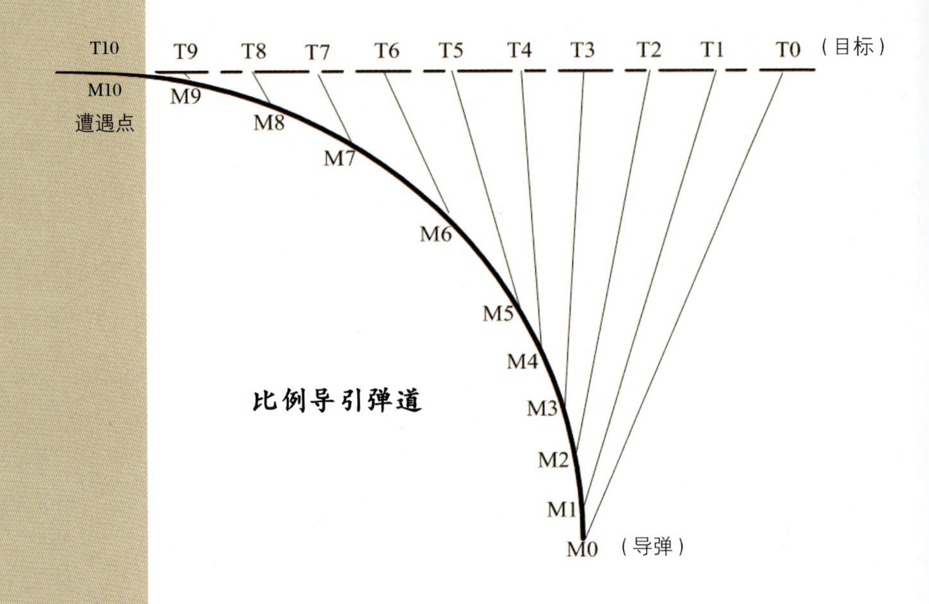

比例导引弹道

（四）平行接近法

平行接近法是指导弹在接近目标的过程中，弹目线在空间始终保持平行的一种导引方法。与其他导引方法相比，平行接近法导引弹道最为平直，但要求制导系统每个瞬间精确测量参数且严格保持平行接近的运动关系，由于飞行偏差及干扰的存在，平行接近法很难实现。

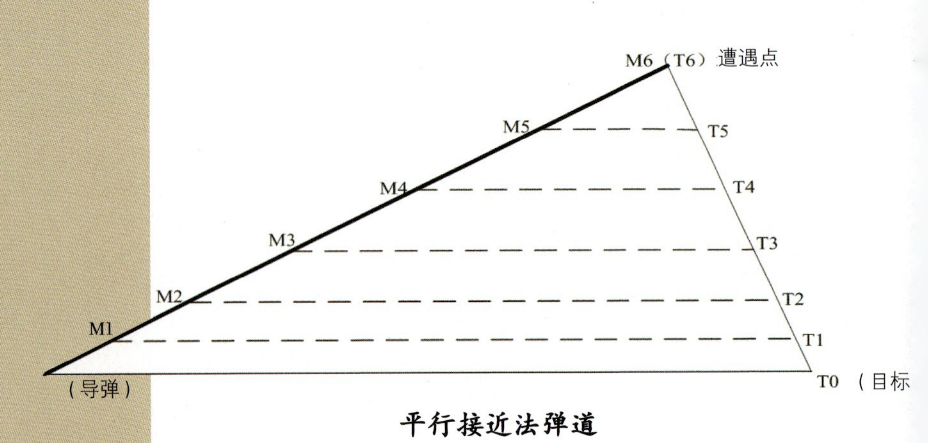

平行接近法弹道

四、铁拳无情——战斗部与毁伤单元

智能化弹药中最常用的战斗部包括破甲战斗部、穿甲战斗部和侵彻战斗部。

（一）破甲战斗部

破甲战斗部的主要功能是对付坦克和装甲车辆，其基本作用原理是采用成型装药结构，高能炸药起爆后将金属药型罩压垮，形成金属射流完成破甲。有的采用串联战斗部，用于攻击带有爆炸反应装甲的目标。为了扩大战斗部的使用范围，有的还增加预制破片壳体；有的采用倾斜向下的破甲战斗部，攻击目标顶装甲。

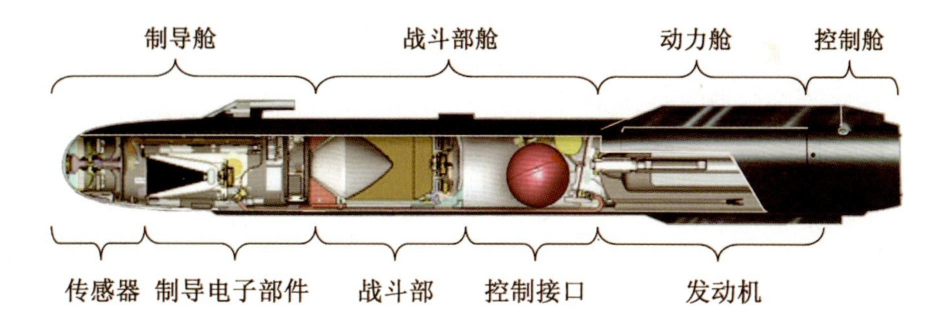

典型的串联破甲多用途战斗部——“海尔法”Ⅱ

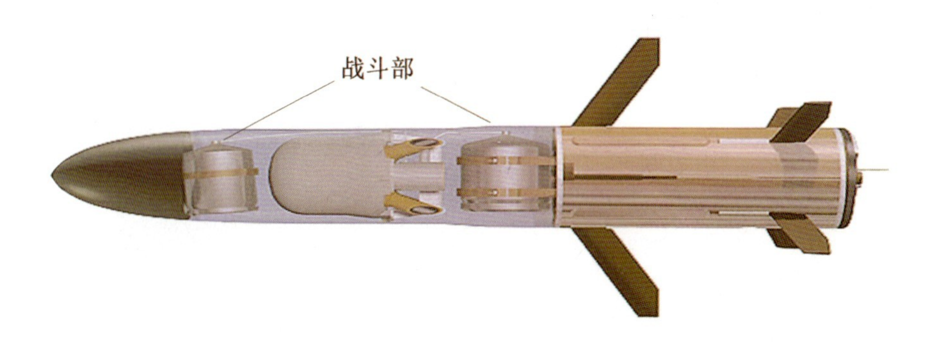

BILL 反坦克导弹战斗部采用两个向下的破甲战斗部

（二）穿甲战斗部

典型的穿甲战斗部有重金属长杆穿甲战斗部和EFP战斗部。其中重金属长杆穿甲战斗部用于高速和超高速动能导弹，以1500～2000m/s左右的速度击中坦克，依靠穿甲以及巨大的动能实现对目标的毁伤。EFP战

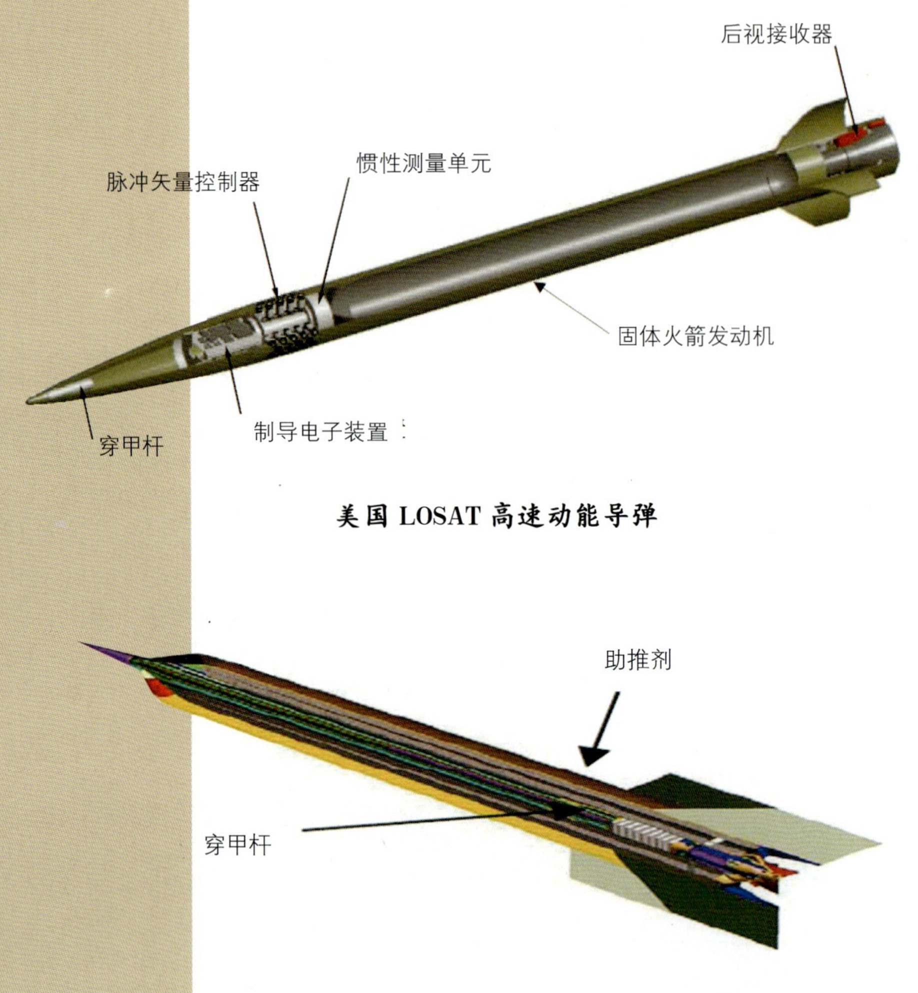

美国LOSAT高速动能导弹

加拿大带分段杆侵彻体的高速动能导弹

斗部主要用于掠飞攻顶的反坦克导弹、炮弹及火箭弹，它由药形罩、炸药柱、壳体、压螺丝以及起爆装置组成，依靠爆炸产生的压力，将药形罩压垮翻转形成准球形、气动稳定的长杆以及大拉伸的杆式射流，速度2000m/s左右，实现对目标的侵彻。

EFP战斗部能量射流

（三）侵彻攻坚战斗部

侵彻战斗部有两种主要类型，即动能侵彻爆破型和多级侵彻爆破型。动能侵彻爆破型，依靠动能侵彻进入目标内部，然后引爆弹头内的炸药，对内部人员和设备形成毁伤。由于受到攻击速度的限制，主要用于攻击厚度在300mm以内的钢筋混凝土工事、建筑等目标。多级侵彻爆破战斗部是串联结构，前级主要用于在目标上形成后段可顺利进入的通道，后级随进后经一定延时后起爆，利于其冲击波超压和杀伤破片毁伤目标。为了增加随进的可靠性，有些战斗部在后级随进战斗部上还增加了推进装置，实际上是三级串连结构。该类型战斗部利于破甲开孔，可以攻击800 ~ 1200mm钢筋混凝土目标，对内部的人员和设备造成毁伤。

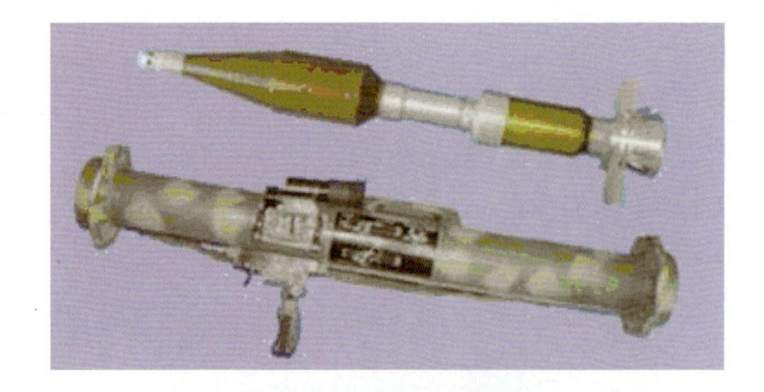

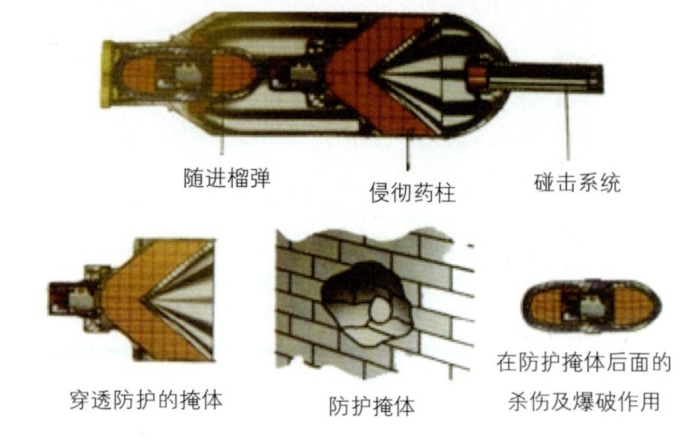

攻坚弹及侵彻战斗部

“海尔法”侵彻攻坚战斗部

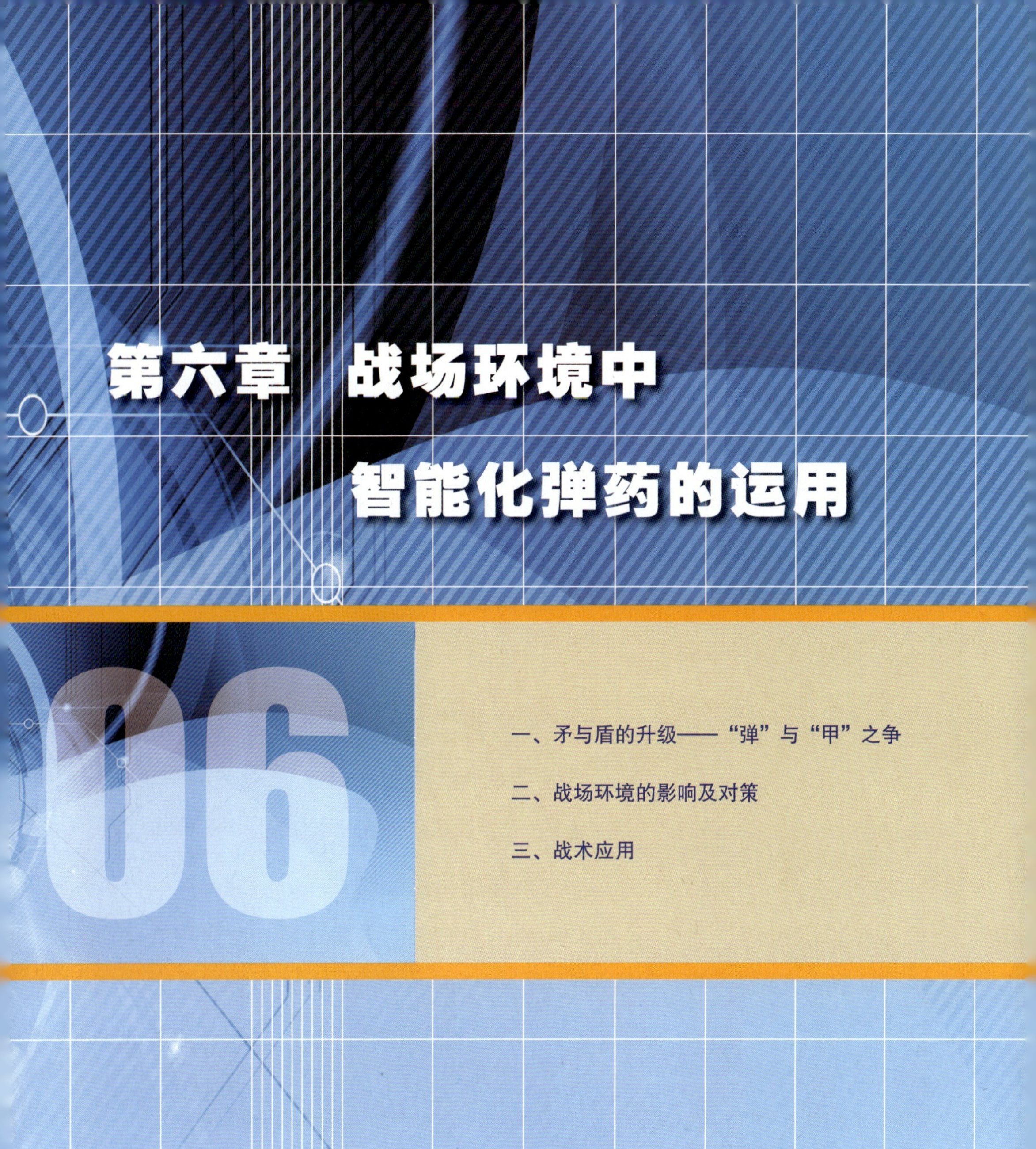

第六章 战场环境中智能化弹药的运用

06

一、矛与盾的升级
——“弹”与“甲”之争

第一次世界大战诞生了第一辆坦克，也促使了反坦克武器的诞生。当反坦克武器对坦克构成威胁时，坦克必将提高防护能力以对付来自反坦克武器的威胁，防护能力的提高又必将促使新的能突破坦克防护的反坦克武器的诞生，装甲与反装甲之间的矛盾斗争就这样不断深化，相应的武器和技术就这样同生共长。

（一）“弹”与“甲”之争

坦克的消亡已经被预言了许多次。从坦克在索姆河战场上的悄然亮相到第二次世界大战后坦克战略地位的陡然下降，再到“赎罪日”战争中反坦克导弹的大量使用，反坦克武器作为防守一方，已经不止一次地用其强大的威力宣告坦克主宰战场历史的终结。然而，装甲与反装甲之间的竞争并未结束，两者都不会轻易输给对方。

1. 初始阶段的较量与发展（坦克诞生到第二次世界大战前）

诞生于第一次世界大战期间的坦克装甲都是均质钢板，其厚度依据车辆的不同位置有所不同，但总的来说，都比较薄（多数在 5 ~ 16mm

之间，早期使用的 MK- Ⅰ只有 5 ~ 10mm）。当时设置防护装甲主要考虑的是保护乘员免遭枪弹和炮弹小碎片的伤害。坦克诞生初期与反坦克武器的相互较量、相互促进并没有显现出来，真正开始进行较量，并相互促进发展，是从一次战斗开始的。

1917 年 4 月 11 日，在阿拉斯布里阔特的战斗中，德国人在对英国坦克射击过程中，意外地发现了“K”型子弹（“K”型子弹是德国人配发给机枪射手对远距离目标和带有防护的目标进行精确射击，该子弹含有一颗碳化钨弹芯，比普通子弹重）击穿了英国的 MK- Ⅰ和 MK- Ⅱ坦克的装甲板（MK- Ⅰ和 MK- Ⅱ坦克装甲板的厚度在 5 ~ 10mm 之间）。得到此消息后，德国人非常高兴，迅速为每位士兵配发了“K”型子弹，用以对付英国的坦克。英国人也发现了“K”型子弹的侵彻威力，对即将发展的下一代坦克提出了“必须增强装甲防护力”的要求，将下一代 MK- Ⅳ型坦克的装甲厚度提高到 6 ~ 12mm，其防护力足以抵御“K”型子弹。德国人在得知“K”型子弹不能击穿 MK- Ⅳ型坦克防护装甲时，开始着手研制一种专门对付坦克的武器，并最终导致了世界上第一种反坦克武器——“坦克—格屋尔”（Tank-Cewehr）反坦克枪的诞生。该枪是由毛瑟（Manser）公司将制式 7.92mm 步枪按比例放大到 13mm，并加长了身管，在 110m 距离上，只要射角适当，便能够击穿 MK- Ⅳ坦克的防护装甲。可以说，从这个时候起，坦克装甲防护与反坦克武器的相互促进、相互发展才真正开始。

第一次世界大战结束后，坦克防护装甲的发展并不迅速，当时考虑更多的是安装防弹装甲，多限于有限地增加装甲厚度（最厚大多为 30mm 左右）。而反坦克武器直到 1930 年以后才开始研制，主要是反坦克枪和反坦克炮。

2. 相互较量的大发展时期（30 年代中期到 60 年代）

进入 30 年代后，坦克在地面进攻战斗中的主导作用开始被一些国家认识到，因此，这些国家开始投入大量精力发展坦克车辆。此时研制的坦克车辆在装甲防护方面要求具有防炮弹能力，主要采取了如下措施：一是提高装甲厚度。这一时期发展起来的坦克前装甲厚度大都在 30 ~ 100mm 之间，英国“丘吉尔”坦克前装甲厚度达到 152mm。二是依据坦克上各部位的不同，采用不同的装甲厚度。受攻击概率大的正面装甲较厚，其余部位如顶部、底部、两侧及后侧则较薄。三是前装甲做成倾斜状，以减小被攻击角度。通过这些措施，装甲防护能力大大提高。如苏联 1939 年 12 月开始列装的 T−34 坦克通过合理的布局、使用优质钢材、提高装甲厚度（前装甲达到了 52mm，经过改进后 1943 年下半年装备的 T−34−85 坦克前装甲厚度 90mm）、前装甲倾斜等措施，可有效地防止反坦克武器的射击。据记载，德 37mm 反坦克炮根本打不透 T−34 坦克，一打上就跳弹，唯一有效的办法是靠近它，投放巨型炸药包。也正是由于 T−34 坦克的成功和其他坦克防护能力的迅速提高，这一时期掀起了一个发明、试验反坦克武器的热潮，其中的两项发明曾经导致反坦克武器的性能发生了质的飞跃：一项是以提高穿甲弹丸速度为目的的“锥膛炮”；另一项是以“巧”劲击穿装甲的空心装药弹。

此外，为了进一步提高穿甲弹的速度，英国人在第二次世界大战即将结束时研制了“脱壳穿甲弹”。为了克服倾斜装甲造成的跳弹，又研制成功了“被帽穿甲弹”。这种弹丸的顶部安有一个用延展性能较强的金属制作的金属软帽，其作用相当于一个金属“缓冲器”，它可使弹丸“贴”在装甲板上达几分之一秒的时间，以便使弹丸开始钻孔，从而减少了跳弹现象的发生。

从 30 年代到 60 年代，首先是坦克防护装甲由防护枪弹装甲发展到防炮弹装甲，进而促进了反坦克武器由击穿防枪弹装甲发展到击穿防炮弹装甲，真可谓“道高一尺，魔高一丈”。

3. 高科技手段充分应用于矛盾双方（60 年代至今）

随着反坦克武器突飞猛进的发展，坦克原有的防护能力已不适应新的作战要求，提高坦克防护能力势在必行。当然，增加装甲厚度是人们便于认识和比较容易实现的，但若一味地增加装甲厚度，也会带来其他问题，如第二次世界大战结束前德国研制的“鼠”式坦克，其主要部位的装甲厚度都在 200mm 以上，炮塔和车体正面分别达到了 215mm 和 205mm，真可谓是“超防护装甲”了，但车重却达到 188t，这无疑使一般桥梁和运输工具难以保证其机动作战。因此，坦克要在既保持有效的防护能力，又不使本身重量对使用构成致命影响的情况下，在防护装甲的发展上就只能在“巧”劲上做文章。

进入 60 年代以后，随着新材料、新技术、新工艺的应用，使坦克装甲防护能力又有了较大提高。首先，相继研制出了多种新型防护装甲，如复合装甲（防御能力是同等厚度钢装甲的 3 倍）、贫铀装甲（硬度是普通钢的5倍）、爆炸反应装甲（挂在主装甲外面，依靠本身爆炸气流破坏穿甲射流和削弱穿甲动能）、屏蔽装甲（推进装置两侧的屏蔽板就是较典型的一种，它可使空心装药弹在屏蔽装甲处起爆，从而改变其最佳起爆点）、间隔装甲（在一定厚度上依次设置若干层装甲板，其防弹力明显高于同等厚度的钢装甲）等。其次，进一步增加防护装甲厚度，尤其是遭敌攻击概

法国“米兰”反坦克导弹

率较大的前装甲，如英国“挑战者”坦克，车体和炮塔前部装甲厚度已达600mm。通过以上措施，装甲的防护力又有较大的提高。如美国在海湾战争中使用的M1A1坦克，被T－55坦克发射的100mm穿甲弹击中后就跳弹；至于T－80坦克的前装甲，改进的“陶”、“米兰”、“霍特”等第二代反坦克导弹就不能将其击穿。

盾坚矛更利，防护装甲的发展反过来又促使了反坦克武器的发展。一是提高命中精度。60年代以后，许多国家为此研制、装备了多种型号的反坦克导弹，改进了反坦克武器的火控系统；二是进一步提高穿甲弹速度，通过采用滑膛炮、增长火炮身管、加大装药量等措施，可使脱壳穿甲弹的初速达到2000m／s；三是研制新的穿甲材料，如贫铀穿甲弹等；四是采用新技术，如在破甲弹的前端安装炸高棒，使聚能装药在最佳炸高下起爆，并将药型罩由单锥改为双锥等。如美国的改进“陶”式反坦克导弹在采用双锥装药（30°／42°）并安装两节伸缩305mm炸高棒等一些新技术后，穿甲厚度由基型“陶”的600mm提高到800mm；五是根据防护装甲的具体特点，有针对性地研制反装甲武器，如串联战斗部和曲射攻顶技术等。美国“陶2A”就是为了专门对付爆炸反应装甲研制的，它采用二级串联式装药结构，第一级装药（前置战斗部）位于炸药棒前端，用于首先接触并引爆爆炸反应装甲，随后第二级装药在合适的位置起爆，直接用于侵彻主装甲。瑞典研制的“比尔”最有特色，在发射之后，能够按程序飞到坦克上方，在坦克最薄弱的部位起爆，向下产生很强的爆破效应，可以击穿300mm厚的顶装甲，是世界上第一种能从顶部攻击装甲目标的反坦克导弹。

总之，坦克出现后，装甲防护和反坦克武器的较量也开始了。在一定时间内，可能是坦克防护装甲占优，而在另一时间内又可能是反坦克武器占优势，但一方的优势毕竟是暂时的，在一定时间后必将被另一方所打破，这也是事物发展的必然规律。坦克防护装甲和反坦克武器就是这样在相互较量中不断向前发展，只要坦克存在，装甲防护与反坦克武器的较量就不会停止。

披挂反应装甲的坦克

（二）穿甲弹、破甲弹与碎甲弹

自第一次世界大战坦克投入战场开始，兵器设计师们一直致力于开发各种有效的反装甲武器。在反装甲武器的发展史中，反坦克枪、反坦克炮、火箭筒、无后坐力炮、反坦克导弹等先后出场，上演了一幕幕“甲—弹”争风的活剧。

1. 长盛不衰——穿甲弹

在各种反装甲弹药中，穿甲弹无疑是历史最悠久、使用最广泛的反装甲弹药。它的原理说起来很简单，就和普通的枪弹一样，利用弹丸的动能破坏目标。其特殊的弹头结构加上特别大的动能，使它有能力地击穿装甲钢板。

在穿甲弹家族中，最早出现的是尖头穿甲弹。但在使用过程中，人们逐渐发现它有一个明显的缺点，就是当击中倾斜的装甲时，弹头非常容易出现跳弹和弹头破碎的现象。

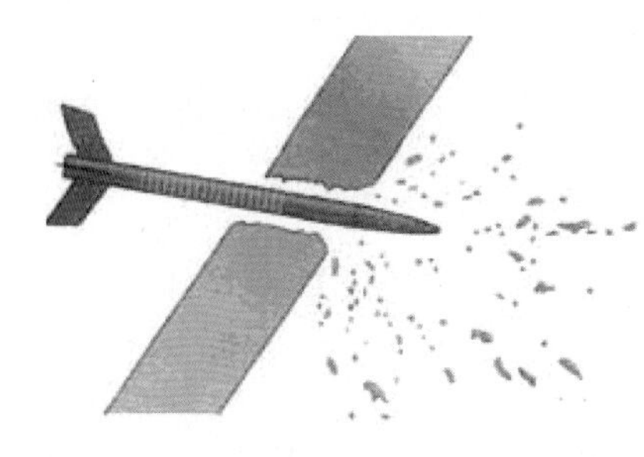

尾翼稳定脱壳穿甲弹：
穿甲弹利用高速飞行的高密度弹头的动能
击碎坦克装甲

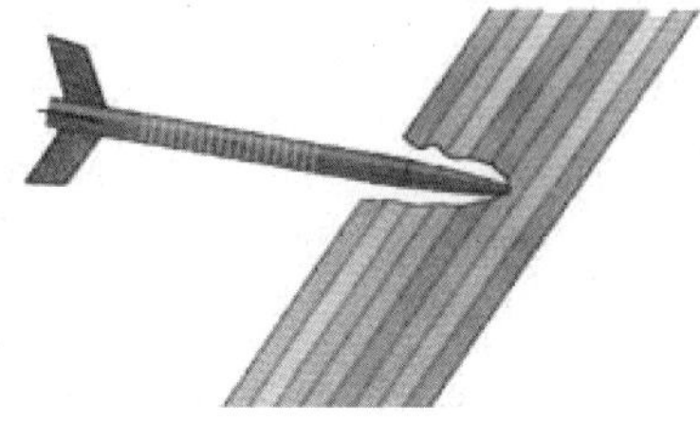

对抗手段：
由多层不同材料组成的复合装甲
在抗击动能弹的性能上要好于均
质装甲

穿甲弹及对抗手段

为了解决这个问题，设计师们发明了它的进化版本——钝头穿甲弹。这种穿甲弹头部不再是尖锐的，而是平钝的形状，这能在一定程度上避免发生跳弹。为了更好地解决这个问题，设计师继续改进，研制出了新一代弹药——被帽穿甲弹。该弹的弹头前有一个由韧性好的合金制作的“帽子”，当炮弹击中目标时，被帽可以让弹头“粘”在弹着点上防止发生跳弹。这种穿甲弹对付有倾斜角的装甲、特别是经过表面硬化处理的装甲效果较好，所以从第二次世界大战到战后初期一直是反坦克火炮的主用弹种。

面对穿甲弹性能的不断提高，作为“盾”的一方——坦克的装甲也变得越来越厚，并逐渐采用多种不同材料的复合装甲抗击动能弹，使其效能下降。

为了进一步提高初速，英国人设计了线膛炮发射的次口径脱壳穿甲弹，它有一个轻质的“外壳”，但这个外壳并不是在整个飞行过程中都和弹芯结合在一起，而是在飞出炮口后就自动飞散脱落，只留下尖细的弹芯在空气中飞行。次口径脱壳穿甲弹一度成为了穿甲威力最大的穿甲弹而倍受青睐。后来，又出现的滑膛炮发射的尾翼稳定脱壳穿甲弹，原理与前者类似，但弹丸初速更大。

在反装甲弹药发展史上，虽然其他类型的反装甲弹药比如破甲弹一度对穿甲弹的地位形成冲击，但是随着复合装甲与反应装甲的出现，破甲弹的作用被严重削弱了。复合装甲与反应装甲对穿甲弹的防护作用要比对破甲弹小，因此穿甲弹仍然是反装甲弹药的绝对主力，并且这种地位在可以预见的将来依然会保持下去。

2. 红极一时——破甲弹

破甲弹药的基本原理是这样的：当炸药爆炸时，锥形的空腔可以汇聚炸药爆破的冲击力，而在爆炸的同时，贴在空腔内部的由金属制作的药型罩也会在汇聚起来的高温和高压作用下，凝聚成一股温度极高、速度极大的金属射流，沿着圆锥轴线方向高速喷出。这股力量冲击到装甲钢板上，就像用高压水枪冲泥巴一样，立即冲出一个洞来。金属射流冲破装甲后，可以在车内飞溅，对车内人员进行二次杀伤，或者引爆弹药和油料造成坦克殉爆。大批运用破甲弹原理的反坦克武器出现在战场上，例如美国 M9“巴组卡”火箭筒、德国“铁拳”以及苏联 RPG-43 反坦克手雷。

破甲弹一时大放异彩，凭借巨大的破甲深度（相对于当时的穿甲弹而言）一度兴起了一场反坦克武器的革命，似乎一夜之间，传统的穿甲弹就要被破甲弹取代了。而且，大量新型反坦克武器（如，RPG-7 火箭筒、AT-3 反坦克导弹、“陶”反坦克导弹），相继出现，这些反坦克武器家族的新成员比“老大哥”反坦克炮轻巧灵便，威力惊人，可以方便地隐藏在战场隐蔽处随时给坦克致命一击。

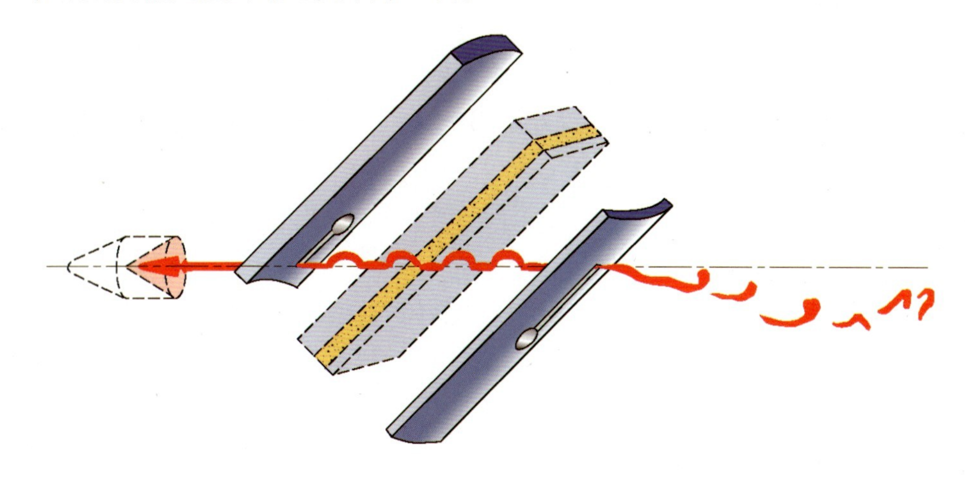

爆炸反应装甲干扰射流的原理

但好景不长，很快坦克找到了对付破甲弹的办法——反应式装甲和间隙装甲。前者由许多个装了钝感炸药的小盒子组成，挂满坦克表面。当破甲弹弹头击中它爆炸的时候，小盒子里的炸药也一同爆炸，产生的冲击力可以将金属射流冲散偏转，保护主装甲；后者则是将金属空腔结构体或者金属栅栏固定在主装甲外，当被破甲弹击中后，让破甲弹离开主装甲一定间隙引爆，利用空腔结构或者空气吸收金属射流能量，减弱金属射流对主装甲的冲击。两种方式的价格低廉，效果明显。

爆炸射流：
反应装甲能够很好的抵御空心装药的破甲弹的侵袭

分散：
反应装甲在爆炸产生的由里到外的爆炸射流能够很好的分散来袭的空心装药破甲弹爆炸时产生的高温金属射流

反应装甲作用原理

而随后坦克主装甲的技术也发展了，新型的复合装甲代替了原本的均质钢装甲，它利用质地不同的金属和非金属材料多层叠合，抗弹能力大大提高。在它面前，破甲弹的威力更是大打折扣。也就在这时期，已经“进化”到尾翼稳定脱壳穿甲弹的穿甲弹穿深显著提高，原本对破甲弹的劣势迅速追平。更值得注意的是，不论是反应式装甲、间隙装甲还是复合装甲，对抗穿甲弹的效果都不如对抗破甲弹那么明显，相反尾翼稳定脱壳穿甲弹却是目前对付复合装甲效果最好的弹种。因此，破甲弹在经历了短暂的辉煌后又黯淡了下来，身管武器的反装甲弹药依旧以穿甲弹为主。

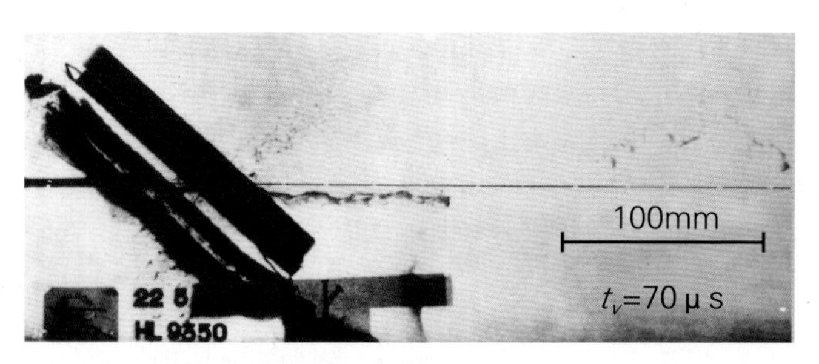

爆炸反应装甲干扰射流的X光照片

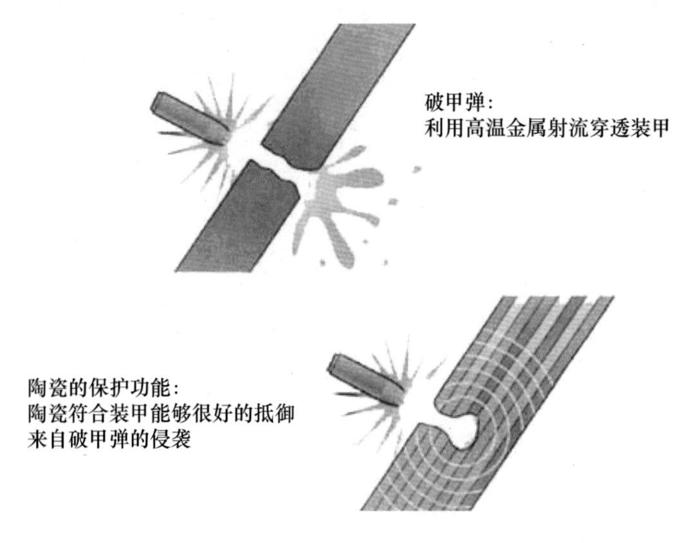

破甲弹及对抗手段

但是破甲弹也在“进化”，首先为了对付间隙装甲和反应式装甲，出现了串联破甲战斗部。这种战斗部是在主装药结构前再装上一个小的锥形装药战斗部，当弹药击中装甲时，前面的小战斗部爆炸，虽然其能量会被间隙装甲吸收消耗，或者被反应式装甲的爆炸分散抵消，但是为后面的主装药开辟了道路，后面的主装药因为没有阻拦，能够不受干扰地直接破坏坦克主装甲。这种战斗部被广泛地用在了反坦克导弹和反坦克火箭筒上。例如中国的“红箭”-8反坦克导弹和PF89反坦克火箭筒，其反坦克弹药都是这种串联战斗部结构。

3. 昙花一现——碎甲弹

碎甲弹的出现非常晚，直到20世纪70年代才由英国人发明。它的基本原理是当撞击到目标装甲时，刚度较低的弹体迅速变形，紧贴在装甲表面，内部的塑性炸药随即爆炸，产生巨大的爆轰冲击波，将目标装甲的内层震裂，产生碎片在车体内四散飞溅，起到杀伤人员和破坏装备的作用。

比起反装甲弹药的前辈们，碎甲弹有许多独特的优点，如后效大、威力大、对初速要求较低、不会跳弹等。过去，有倾角的装甲可以让穿甲弹和破甲弹发生跳弹，但是这却对碎甲弹无效，因为碎甲弹弹体比较软，可以粘滞在倾斜装甲表面，而且当碎甲弹命中倾斜装甲时，因为倾角的关系在单位面积上堆积的炸药会比命中垂直装甲时要多，爆轰的效果更强烈，对装甲的破坏作用更大。而且比起穿甲弹和破甲弹，碎甲弹的成本较低。所以在当时，碎甲弹作为反装甲弹药一度非常流行。

碎甲弹：
通过爆炸产生的震荡波在
坦克意甲的内侧产生高速
飞散的尖锐金属碎片

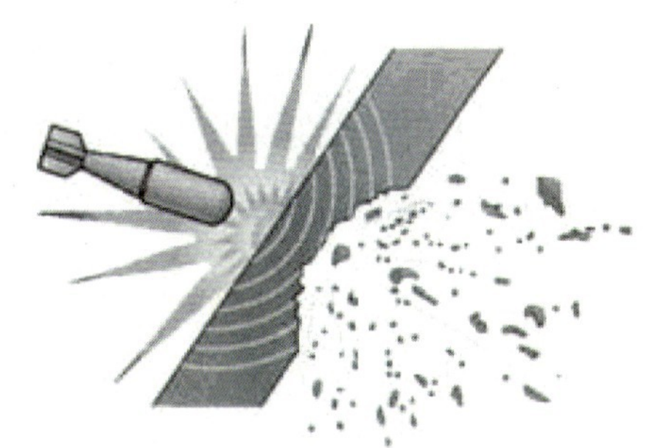

吸收：
多层复合装甲能够吸收碎甲弹
爆炸产生的震荡波，并在不同
质地的装甲板之间分散震荡波

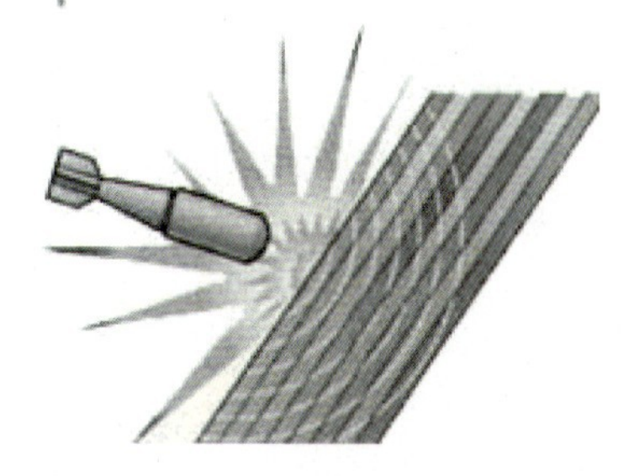

碎甲弹及对抗手段

可是没多久，英国人于 1976 年研制了世界上第一种复合装甲——乔巴姆装甲。这种装甲由装甲钢板和陶瓷材料叠压在一起组成，抗弹能力大大超过了传统钢装甲。因为其优势巨大，很快各国新型主战坦克的炮塔正面装甲和车体顶装甲都变成了复合装甲。当碎甲弹击中复合装甲后，虽然爆轰波能够震碎表面钢板的内层，但是由于有陶瓷材料的阻挡，碎片无法飞进车体内部，特别是复合装甲的最内层一般是用韧性较好的钢板制作的，不但不会被爆炸的冲击波震碎，还会阻挡残余的碎片。随着复合装甲的大量普及，碎甲弹的优点很快变得没有意义了，所以迅速从反装甲弹药家族中淡出。

（三）坦克的“金钟罩”——主动防护系统

现代战争条件下，素有“陆战之王”的坦克装甲车辆面对各种形式的反装甲武器，其优势正在被削弱，表现在两个方面：其一，反装甲武器无论在性能，还是种类方面都大大优于目前的装甲防护能力；其二，防护技术比较单一，主要通过增加装甲厚度或采用新型装甲材料，防护水平提高有限，且造成车辆自重增加，影响机动性。因此，如何在降低或不增加车辆自重的前提下，提高装甲车辆的防护能力，成为各国坦克专家面临的一大难题。在防护方面，除了研制一些新型的电磁装甲、智能装甲之外，还将在主动防护方面有较快发展，如隐形技术、干扰技术、诱骗技术、压制技术、自动拦截技术等坦克装甲车辆主动防护技术，这将是解决上述尴尬局面的有效手段。

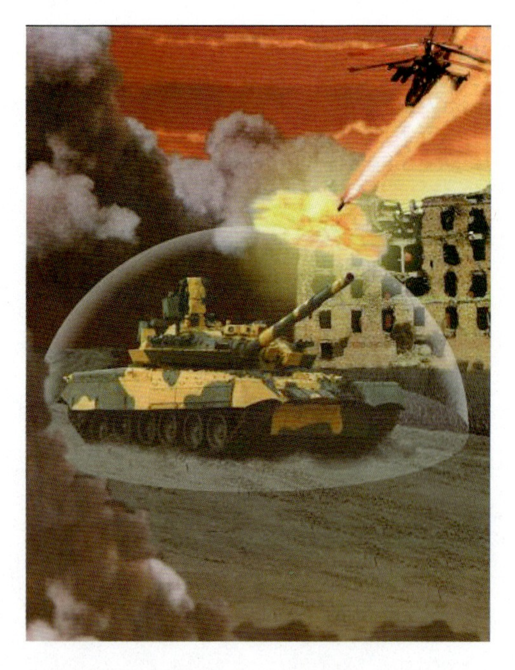

坦克的“金钟罩”——主动防护系统

“竞技场”（Arena）主动防护系统是俄罗斯第二代主动防护系统，由科洛姆纳机器制造设计局（KBM）研制，1992 年在阿布扎比防务展上展出，主要用于主战坦克对抗“陶”、“海尔法”等地面及空中发射的反坦克导弹以及轻型反坦克武器的攻击。已安装在 T-72M1、T-80U、T-80B 、T-90 主战坦克及 BMP-3 步兵战车上。

“屏障”主动防护系统在车辆上布置和防护范围

安装“竞技场”主动防护系统的俄军装备

主动防护系统一般由探测、控制和对抗三大分系统组成。探测分系统是主动防护系统的“眼睛”，用于探测反坦克导弹、火箭弹等来袭目标，主要有激光告警装置、雷达探测与跟踪装置、紫外红外探测装置；控制分系统是主动防护系统的“大脑”，用来筛选、判断来袭目标，并选择相应的命令，由计算机、控制软件、控制面板和驱动模块等组成；对抗分系统是主动防护系统实现最后致命一击的“铁拳”，分硬杀伤和软杀伤两大类，硬杀伤系统是一种近距离反导防御系统，在车辆周围的安全距离上构成一道主动火力圈，在敌方导弹或炮弹击中车辆前对其进行拦截和摧毁；软杀伤系统则是利用烟幕弹、干扰机、诱饵等多种手段迷惑和欺骗来袭的敌方导弹，使其不能直接命中坦克。

坦克装甲车辆主动防护系统能够在不增加系统重量的前提下，极大地提高车辆在战场上的生存能力，适应信息化战场对装甲装备的要求，是未来新型坦克防护的主要发展方向。

二、战场环境的影响及对策

（一）战场环境概述

随着科学技术特别是信息技术的发展与应

用，人类战争已经由传统的机械化战争加速向信息化战争转变。信息化条件下的局部战争是体系与体系的对抗，基本作战形式是一体化联合作战。信息化条件下的局部战争特别注重高技术兵器的发展与运用，始终面向作战能力及作战效果。信息化战争最显著的特点是陆、海、空、天、电、信息、认知多维一体化联合 / 协调作战。所有这些都使得现代战场环境越来越复杂，给智能化弹药提出了严峻挑战。

现代战场的复杂环境除了复杂的自然环境（包括气象环境、地理环境、海洋环境、大气环境、太空环境、电磁环境、光学环境等）外，最主要的还有复杂的人为或人工环境，如电子战环境、光学干扰环境、水声干扰环境、计算机对抗环境、网络对抗环境、导航（制导）战环境、心理战环境等。

1. 复杂自然环境的影响

复杂自然环境对激光、红外、电视等光学导引头的干扰体现为大气后向散射与背景光、热辐射干扰。对雷达导引头的干扰以地形杂波、气象杂波的形式体现，主要源于地形、大气分子与悬浮物对电磁波的后向散射干扰。

（1）气象环境。风、云、雨、雪等气象环境对导弹均会产生影响。强侧风会影响导弹稳定飞行，云层和雨水会吸收或散射激光、可见光、红外线和微波，使导引头信号变弱，雪会改变地形地貌，雪太厚时导弹很难识别大雪覆盖下的目标，太阳光对光学导引头的导弹会产生影响，雷电对导弹电子部件会产生影响等。

（2）地物杂波。射频制导的导弹攻击低空、地面低速小目标时，导弹发射的电磁波除照射到目标外，还照射到地面。地面发射产生强的杂波干扰，如果进入导弹接收机，就容易淹没目标信号，导致目标丢失。而且杂波在很多情况下与目标不易区分。

各种地形上的坦克

复杂气象中的装甲目标

2. 复杂人工环境

现代战争是一个动态博弈的过程，被打击对象也发展了很多新技术、新战法，以降低智能化弹药命中概率，例如电磁对抗、目标诱骗、隐身技术等。

（1）电磁对抗。目前，先进的电子对抗装备频率范围覆盖20MHz~40GHz，基本涵盖了主要的通信和雷达工作频段，常用的微波、光学干扰，包括压制性干扰和欺骗式干扰等有源干扰，以及箔条弹和红外诱饵弹等无源干扰，使智能化弹药无法获得目标信息或只能获得虚假目标信息。

（2）目标诱骗。在对地打击中，被打击方经常在地面布置大量足以“乱真”的假目标，以降低智能化弹药发现和命中概率，保存己方实力。

（3）隐身技术。隐身技术作为提高武器系统生存能力的有效手段，已成为现代战争中最有效的防护手段，受到各国的高度重视。针对探测系统的不同原理，隐身技术主要包括雷达隐身、红外隐身、声隐身和视频隐身等几方面，例如，雷达隐身主要通过外形设计和喷涂吸波材料等技术实现，红外隐身主要通过降低发动机温度等技术实现。

（二）复杂电磁环境的影响

复杂电磁环境是指战场空间内对作战有重大影响的电磁活动和现象，它与陆海空天并列为“第五维战场”——电磁空间战场。由于电磁活动构成了对陆海空天各维空间的全面渗透，电磁环境事实上已经上升为信息化战场上最复杂的环境要素。其主要特点：

（1）空间域上纵横交错。信息化战场上，来自陆海空天不同作战平台上的电磁辐射，交织作用于敌对双方展开激战的区域，形成了重叠交叉的电磁辐射态势，无论该区域的哪一个角落，都无法摆脱多种电磁辐射。

（2）时间域上持续不断。利用电磁实施的侦察与反侦察、干扰与反干扰、摧毁与反摧毁持续进行，使得作战双方的电磁辐射活动从未间歇，时而密集，时而相对静默，导致战场电磁环境始终处于剧烈的动态变化中。

（3）频率域上密集重叠。从原理上讲，电磁频谱的范围固然可以延伸

到无穷大，但由于电磁波传播特性的限制，交战中敌对双方都只能使用有限的频谱片断，这

复杂人工电磁环境的营造

就使密集的电磁波拥挤在狭窄的频谱之中，大大增加了电磁对抗的复杂性。

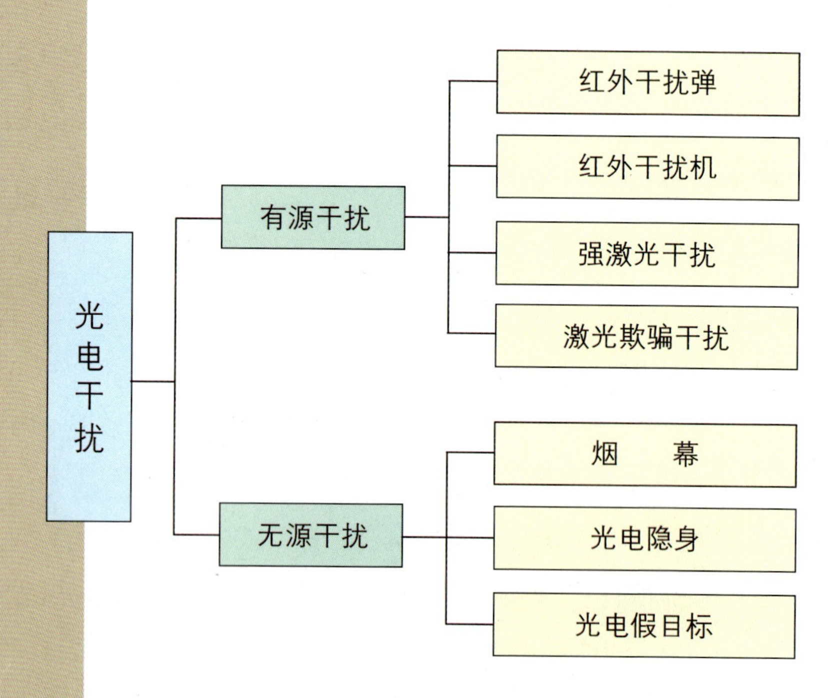

人为光电干扰分类

1. 针对光学导引头的干扰

针对光学导引头的干扰也包括有源干扰和无源干扰两大类。有源干扰

直升机强激光自卫干扰

直升机释放红外干扰弹

光学伪装效果

方式主要有红外干扰机、红外干扰弹、强激光干扰和激光欺骗干扰；无源干扰方式主要有烟幕、光电隐身和光电假目标等。

2. 针对雷达导引头的干扰

针对雷达导引头的主要干扰形式有有源干

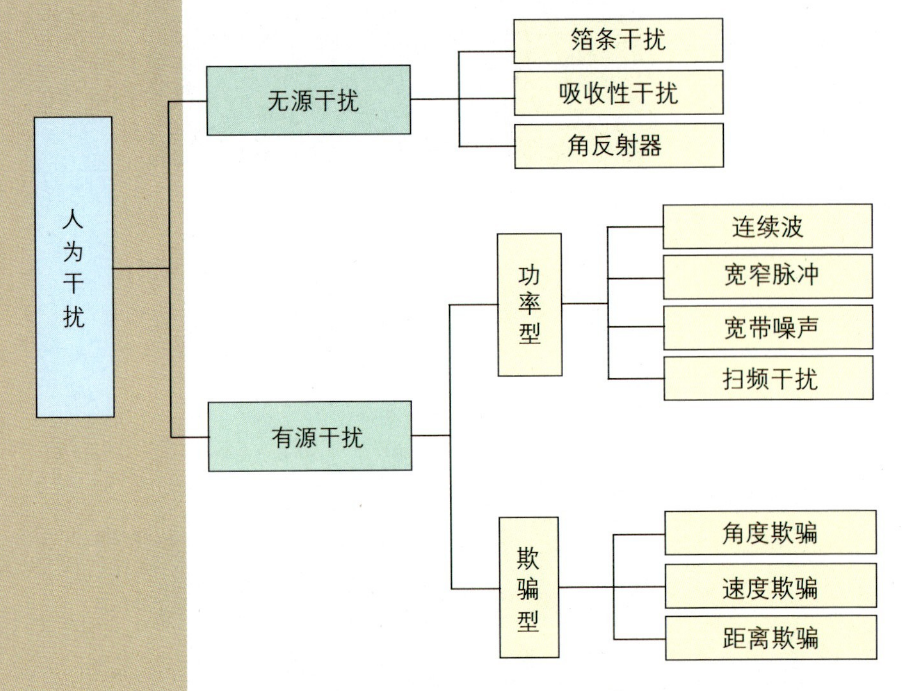

针对毫米波雷达导引头的人为干扰类型

装甲车辆释放电磁干扰弹

扰（主动干扰）和无源干扰（被动干扰）两大类，主要包括噪声（调幅、调频、调相）干扰、各类有源压制干扰、箔条（偶极子）无源干扰、速度欺骗、角度欺骗、距离欺骗、回答式干扰。

（三）对策分析

干扰与抗干扰之间的斗争是一场智慧的较量。没有无法干扰的武器系统，也没有无法对付的干扰。一般来说，抗干扰技术滞后于干扰技术，干扰技术又滞后于武器系统的设计，在对抗过程中，干扰与抗干扰这一对矛盾的斗争必将不断促进武器系统的发展。智能化弹药对抗干扰主要从技术措施上和战术应用上进行考虑。

1. 光学导引头抗干扰技术措施

抗光电干扰技术主要包括两个方面：一类是抗无源干扰和有源干扰中的低功率干扰，包括反隐身技术、多光谱技术、信息融合技术、自适应技术、编码技术、选通技术等；另一类是抗有源干扰中的致盲干扰和高能武器干扰，包括距离选通、滤光镜、防护与加固技术、新体制导弹和直接摧毁等。

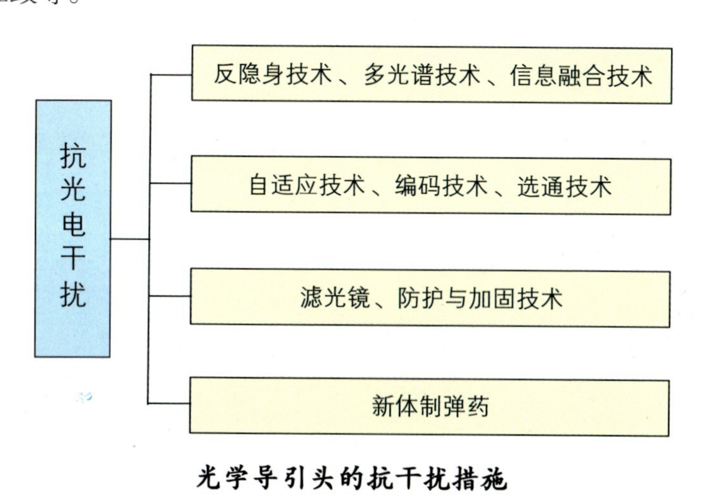

光学导引头的抗干扰措施

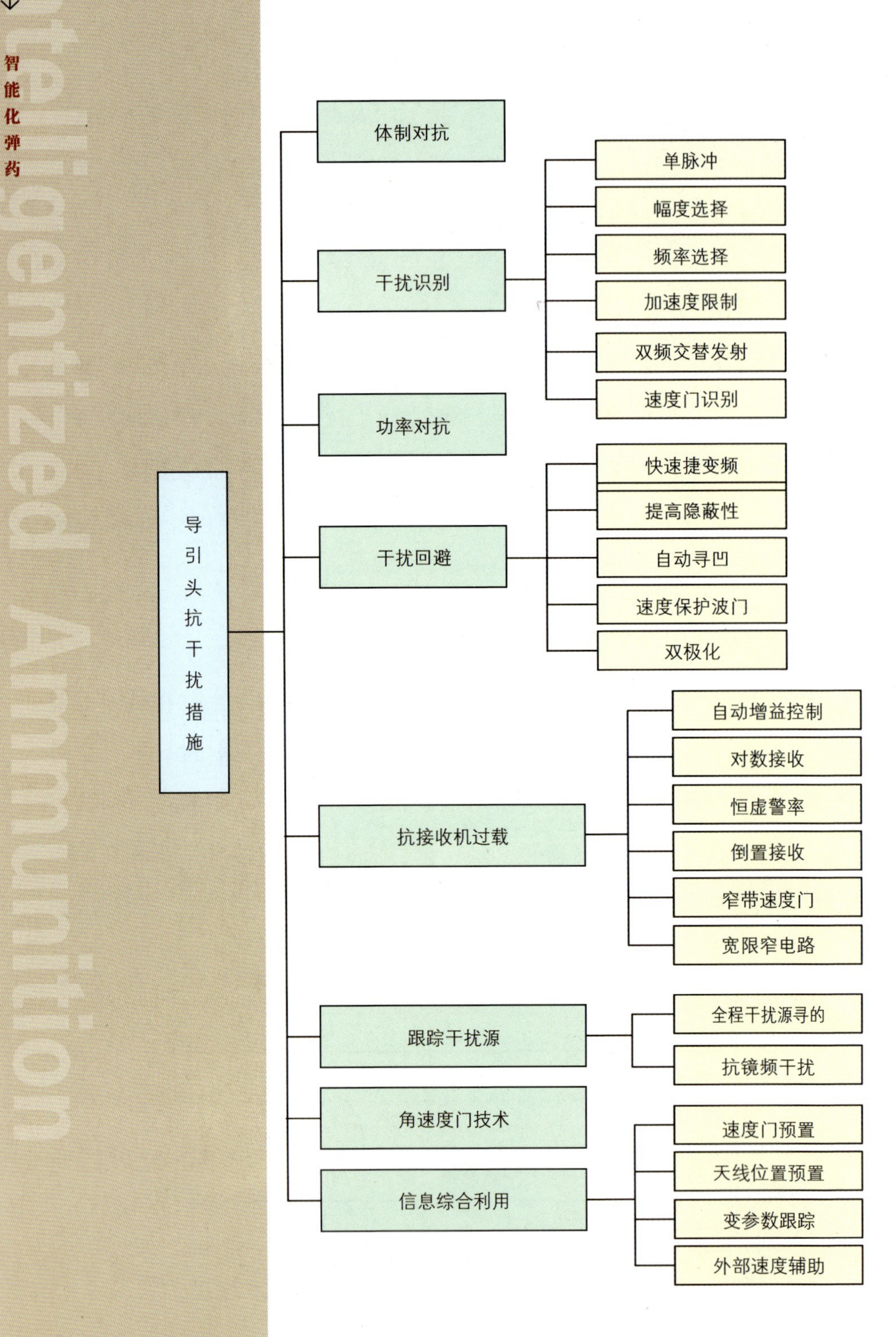

雷达导引头抗干扰可采取的技术措施

2. 雷达导引头抗干扰技术措施

雷达导引头在电子对抗中采用的主要技术措施包括：体制对抗、空域对抗、频域对抗、时域对抗、波形对抗、功率对抗、信息隐蔽、低副瓣、跟踪干扰源等。导引头的干扰与抗干扰是一个动态决策的过程，实际情况中不可能设计出一个适用于各种导引头的万能的抗干扰对策，而只能考虑实际应用条件，有侧重的采取抗干扰措施，以对抗敌方的主要威胁。导引头可采取的主要抗干扰措施如下图所示。

3. 对抗干扰的战术措施

在战术应用层面，智能化弹药可采取的抗干扰措施包括以下几点：

（1）加强武器系统电子防护措施。平时对智能化弹药的工作频率、波形参数等信息进行严格保密，作战中隐蔽接敌，充分利用指挥所通报或战术数据链信息，在合适的时机发起进攻，尽量增大攻击的突然性。

（2）佯攻配合、协同抗干扰。佯攻作战单位主动释放与武器工作时信号特征相似的信号，使敌方误认为自己正在被侦察或已经被锁定，从而吸引敌方的注意力，攻击作战单元隐蔽接敌，在合适的时机发起突然攻击，增大武器突防的概率。

（3）武器与电子支援协同配合，在火力攻击中采取积极主动的电子支援措施：一方面敌方的电子侦察和雷达受到干扰和压制；另一方面智能化弹药可充分利用干扰掩护，搜索和截获跟踪目标。

三、战术应用

（一）反坦克导弹的战术应用

反坦克导弹主要用于隐蔽、快速、机动、精确地攻击坦克和其他装甲类目标。反坦克导弹与发射装置一起构成反坦克导弹武器系统。按重量或射程可分为重型反坦克导弹和轻型反坦克导弹；按机动方式可分

反坦克导弹的战术应用

为便携式反坦克导弹、车载反坦克导弹和机载反坦克导弹。轻型反坦克导弹直径较小，重量一般小于 14kg，最大射程 2km 左右，适于单兵或兵组携带作战。重型反坦克导弹直径较大，重量超过 20kg，最大射程一般为 4km 左右，最远的可达 8km，多采用车载发射或从直升机上发射。反坦克导弹重量轻、射程远、精度高、威力大，发射方式多样，是一种有效的反坦克武器。此外，它不仅可用于反坦克和装甲车，还能破坏敌工事、掩体，新型反坦克导弹还能攻击直升机和离岸较近的舰艇。

（二）航空制导火箭的战术应用

直升机载制导火箭采用激光半主动导引头捷联制导体制，作战时，射手操作搜索瞄准指示系统搜索、瞄准、跟踪目标，测量目标距离，载机将载机信息和目标信息传送给发射装置，满足发射条件后，发射制导火箭；制导火箭旋转稳定无控飞行，舵机舵翼按预定时间张开，制导火箭进入方案控制飞行；当弹目距离达到导引头作用距离时，导引头解锁，捕获目标，之后，制导火箭进入比例导引飞行，控制火箭飞向目标。航空制导火箭主要用于对地快速火力压制与支援，主要用于杀伤轻型装甲车辆与人员等弱防护目标。

航空制导火箭对地火力支援

（三）末敏弹的战术应用

末敏弹主要用于攻击装甲集群目标，其典型作战过程可分为发射飞行段、抛撒段、减速减旋稳定段、稳态扫瞄段、战斗部起爆段五个阶段，其战术应用过程如下：

（1）发射飞行段。炮兵以连为单位齐射，根据目标的距离、方位、高度和气象条件及弹道条件等具体情况，由射表确定火炮装定、射击诸元和时间引信分划。弹丸落点诸元计算值通常为相距 100m，携带末敏弹的母弹发射后，经过无控弹道飞抵目标上空。

（2）抛撒段。通过时间引信的作用，点燃抛射药，利用火药动力启动抛射装置，剪断弹底螺栓，在 500 ~ 800m 高空沿着飞行弹道向后依次抛出数枚子弹，子弹相距 50 ~ 10m，以便各自的扫描区域相互衔接，避免命中同一目标或漏掉目标。

（3）减速减旋稳定段。子弹抛出后，弹翼式或充气式减速器对弹体进行减速、减旋、定向和稳定，此时子弹落速已经下降到大约 10m/s，热电池激活，开始对电子系统充电。

（4）稳态扫瞄段。子弹落速继续下降到 5 ~ 8m/s，在中央控制器的控制下，高度计开始测定距地面的距离，达到预定高度时，抛出降落伞带动子弹旋转，数秒后进入 30° 角稳态扫描阶段。探测器打开并开始工作，传感器在中央控制器的统一指令下，进行工作扫描。此时子弹已进入 150m 左右的有效高度。在中央控制器控制下，子弹引信解除最后一道保险。

（5）战斗部起爆段。末敏弹通常对探测的目标采用两次扫描后确认的方式，如第二次扫描结果确认是目标，由中央控制器起爆战斗部，射出爆炸成型弹丸，命中并毁伤目标。如果一直未能在探测窗口内发现有效目标，子弹战斗部将启动自毁装置，时间引信控制下距离地面数米的空中自毁，或者简单的依靠碰炸引信落地自毁。

末敏弹对装甲集群的攻击效果

（四）远程多管制导火箭的战术应用

远程多管火箭主要用于进行火力支援与压制。战术应用时要求武器系统具备较强的机动能力，可以快速转移阵地。现代化火箭炮系统采用轮式载车底盘，多管火箭弹呈“品”字或“二”字形排列，进行多枚编组，每组都聚集成团。每套火箭炮系统配备少数几名操作人员，多枚火箭弹可以分别单射，也可一次齐射。基于同样底盘的装运车运载另外整套火箭弹系统，需要填弹时，该车可采用液压起重机，为发射车提供机械化装弹。远程多管火箭采用固体燃料发动机推进，其最大射程可达 150km。

多管火箭进行远程火力压制

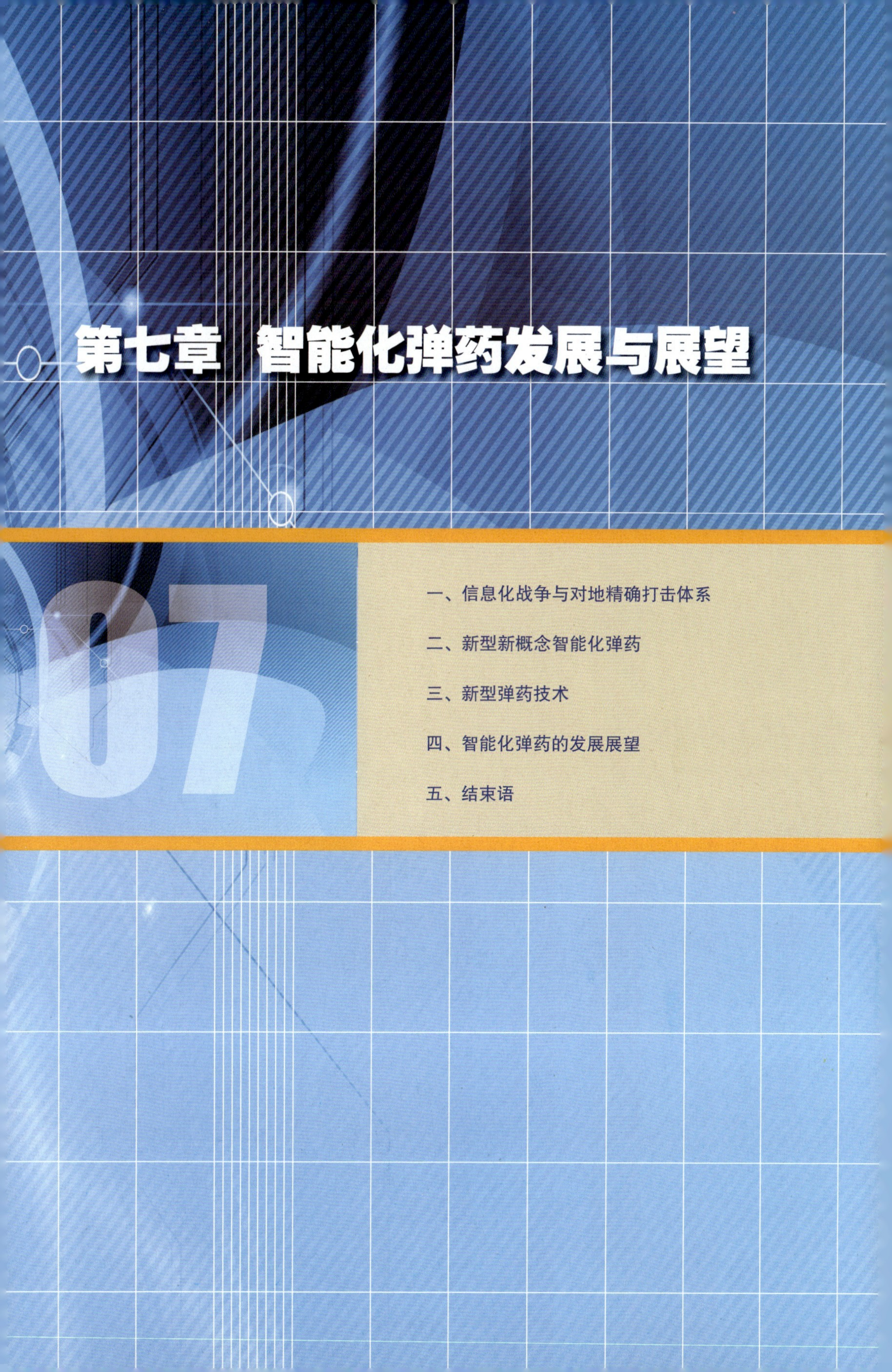

第七章　智能化弹药发展与展望

07

一、信息化战争与对地精确打击体系

信息化战争作为机械化战争基础上的本质跃升，是人类社会进入信息时代的必然产物，是以信息化为主导，以高质量的机械化装备为平台，运用信息化技术和手段、信息化理论和战法进行的战争。

现代信息化战争的特点是体系对抗，在信息化背景下，作战体系呈现出一种由战场信息网络连接在一起的高度整体化的特点。触动这个整体的任何一个部位，都能立即影响其他部位乃至整个系统的运行，正所谓“牵一发而动全身”。

美军已经建成了比较完整的适应现代战争的信息化装备技术体系，主要体现在：

（1）空间立体网格化分布。各种功能的武器平台分布在地面、空中、空间、海面和海下，且随时间动态变化，武器各子系统直接通过各种有线和无线通信链路连接，形成有机的网络化武器系统。

（2）体系功能完整。武器系统由功能各异、相互协调、相互支持的单元组成，形成了一个完整的作战功能体。

美军的精确打击体系由陆、海、空三军武

器共同构成，已形成并逐步完善三军一体化作战模式。美军在打击各类战术目标方面，已形成可覆盖 1000km 射程的精确打击火力配系。

美国陆军已经完成精确打击体系规划，初步形成由反坦克导弹、制导炮弹、制导火箭弹、炮射巡飞弹和陆军战术导弹组成的精确打击弹药体系，其射程范围 50m ~ 300km，精度 CEP 为 1 ~ 50m。可为陆军提供近、中、远精确打击各类地面固定目标和运动目标甚至城区目标的能力。

美国海军已形成以导弹与制导炮弹相结合的对海、对岸、对空的精确打击体系，实现 250km 内对海上机动目标的打击能力，距离 150km、高度 24km 的防空拦截能力，500km 内对陆、对岸火力支援能力及 1000km 内纵深打击能力。目前，美国海军对岸、对陆精确打击能力正在构建，其他精确打击能力均已具备。

美国空军的精确打击体系已经建成。主要由机载制导火箭弹、机载反坦克导弹、制导炸弹、战术空地导弹、空地巡航导弹等组成，可对 1200km 内的目标实施精确打击，机载巡飞弹、微型 / 仿生弹药、超高速对地打击武器的出现，进一步完善了体系建设。

进入 21 世纪，随着网络中心战思想的推广和网络技术的发展与应用，美国已开始大力发展网络化弹药。一方面为现役装备加装数据链，使其能够在发射后更换目标信息，对付发射后再定位目标；另一方面积极开发巡飞弹、微小型弹药、仿生弹药等智能化弹药，可有效对付时敏目标。目前，美国正在构建用于未来战争的网络化弹药体系，并开展相关技术研究，以提高智能化弹药的作战效能。

美国陆军认为，未来战争要求陆军具有高度机动能力、首先知道能力、合成化作战能力、信息优势能力、摧毁性的杀伤能力以及多维控制能力（包括三维空间、时空、信息及数字控制能力）。对于 2020 年的陆军，要求其关注世界的主要冲突，通过获取更大杀伤力、更大的战略/作战机动性、无障碍后勤、更大的通用性，以及缩小重/轻能力间的差别，使2020后陆军在“知识”和“速度”两个方面发生革命性的变化，从而保持全方位的优势。

2020年未来陆军武器发展的主战装备包括：未来装甲侦察车（FSCS）；未来步兵战车

非瞄准线精确攻击导弹与非瞄准线火炮系统

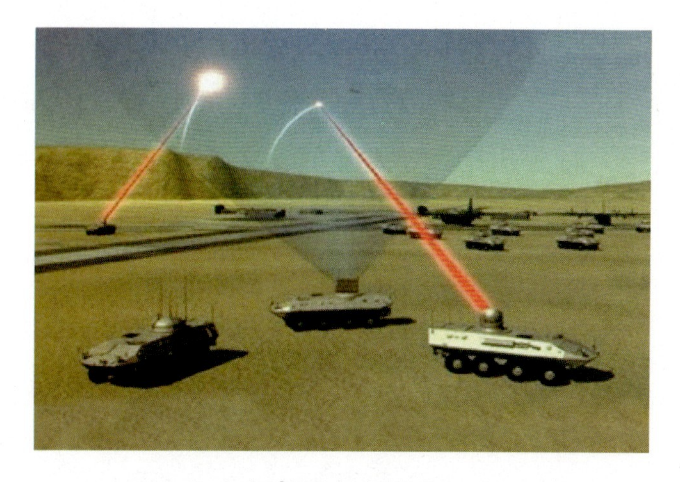

网络化战术高能激光战术反导系统

网络化无人战斗平台

（FIV）；未来战斗系统（FCS）；十字军战士自行榴弹炮系统；理想单兵武器（OICW）；轻型155mm牵引榴弹炮；先进精确制导弹药；先进杀伤弹药；定向能武器（DEW）/可调的杀伤能力；精确制导迫击炮弹药（PGMM）；广域弹药（WAM）；无人战斗平台。这些武器系统都体现出了网络化、信息化与智能化的特点。

信息化装备体系的构建是一个艰巨的任务，以美军对地打击体系为例，直到2011年才基本建成。美国是当今世界上经济实力最发达、技术水平最先进的国家，即便是美军的智能化弹药对地打击装备技术体系，也历时60余年才基本建成。充分说明，建设智能化弹药装备体系的必要性、重要性、复杂性和艰巨性。

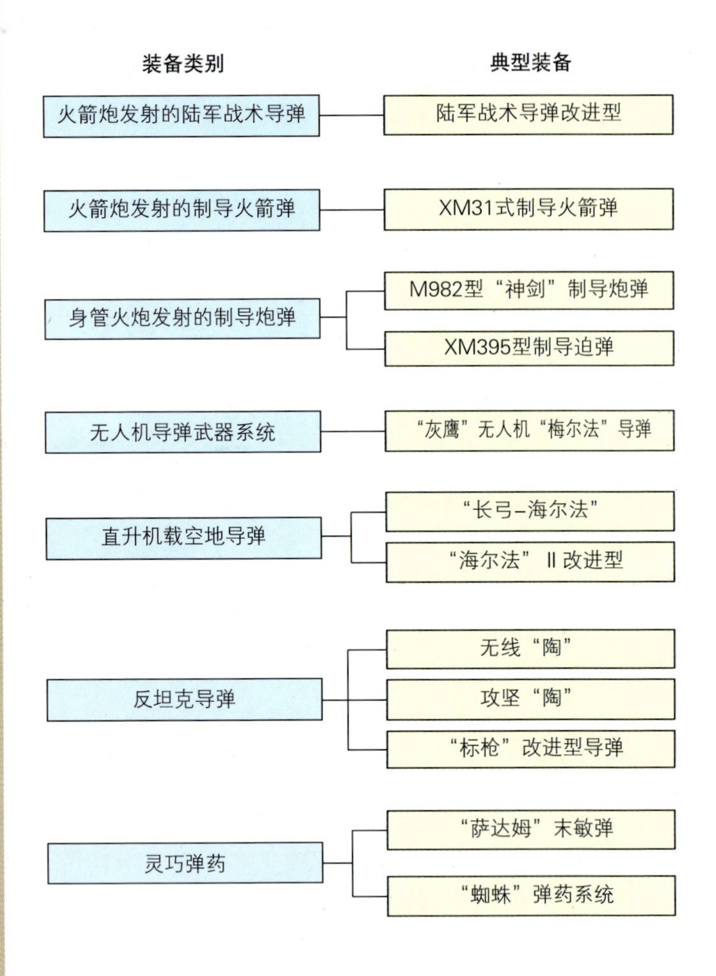

21世纪美陆军智能化弹药对地精确打击装备体系

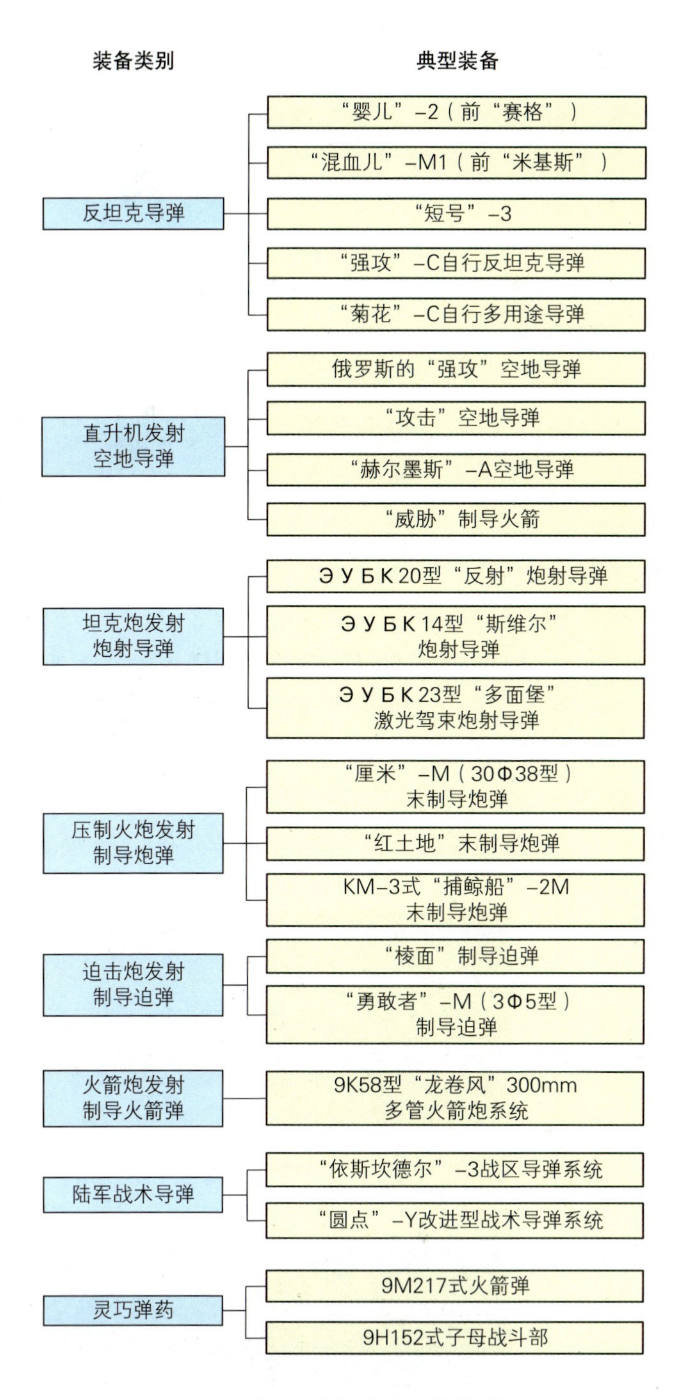

21世纪俄陆军智能化弹药对地精确打击装备体系

二、新型新概念智能化弹药

新的作战方式还催生了许多对新型和新概念弹药的需求，下面将主要介绍几种新型与新概念弹药，这些武器正在或将要走上战场。

（一）轻型多用途弹药

轻型多用途导弹是一种遂行战术任务的导弹。主要用于打击坦克、飞机、舰船、交通和通信枢纽等目标，亦可用于直接支援地面部队作战。

例如英国的轻型多用途导弹 LMM，针对陆地目标，用于打击装甲人员输送车、轻质轮式车、履带式车辆及固定设施；针对水面目标，该导弹可对付近海快速攻击船、登陆船及浮出水面

轻型多用途导弹 LMM

的潜艇等；在对付空中目标时，它主要用于打击飞行速度较慢的近距目标，如无人机、直升机及轻型飞机等。

（二）高速动能弹药

高速动能导弹的基本构造与以往的反坦克导弹的爆炸成形战斗部不同，它使用的是穿甲弹和高硬度弹芯，依靠极快的飞行速度和强大的动能，有效击毁敌方坦克。换句话说，高速动能导弹拥有坦克穿甲弹和导弹两者的特性，它能够有效击毁坦克上的反应装甲和复合装甲，而以往的反坦克导弹对付上述装甲明显不足。另外，高速动能导弹也是有效对付近几年快速发展的坦克主动防护系统的有效武器之一。

由于高速动能导弹的飞行速度奇快，因此它也被称为超高速导弹。最新型“陶”式反坦克导弹的最大速度为 330m/s，而高速动能导弹的飞行速度则达到 1524m/s，3000m 的距离只用 2s 就可到达。在这短暂的 2s 内，敌人很难捕捉到反坦克导弹的发射地点，更来不及反应。

高速动能反坦克导弹

（三）电子目标毁伤弹药

电子目标毁伤弹药是指可有效毁伤、破坏电子设备的武器，主要包括导电纤维弹、电磁脉冲弹与高功率微波弹。导电纤维弹的战斗部在爆炸后抛撒大量导电纤维，这些细小的纤维丝通过设备的孔逢进入设备内部，使其电路板发生短路。电磁脉冲弹与高功率微波弹是靠爆炸产生的强电磁脉冲定向能毁伤电子目标，强电磁脉冲产生的主要方法是爆炸磁通压缩技术。

导弹纤维弹

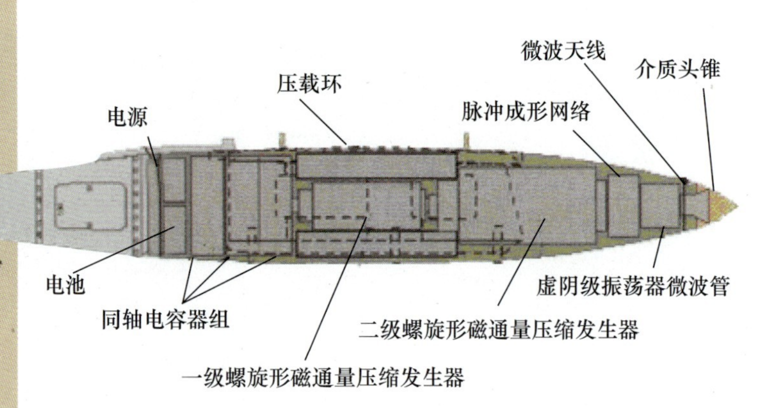

MK84型高功率微波弹：直径0.46m，长3.84m，重900kg

电磁脉冲弹

高功率微波导弹

（四）非直瞄发射弹药

世界上第一种已经装备的非瞄准线导弹是以色列的非瞄准线型长钉（SPIKE NLOS），非瞄准线型长钉采用红外成像制导，加装了无线数据链，射程 25km，可应用于直升机和作战车辆上。非瞄准线弹药的最大优势是使用灵活，支持网络化协同作战，可以远程控制，还可以在飞行中重新瞄准新目标。

非瞄准线型长钉

（五）高速发射弹药

目前已知的最快的发射技术是“电子点火高速发射技术”，采用这项技术的典型武器系统为“金属风暴武器发射系统”，金属风暴主要由装有

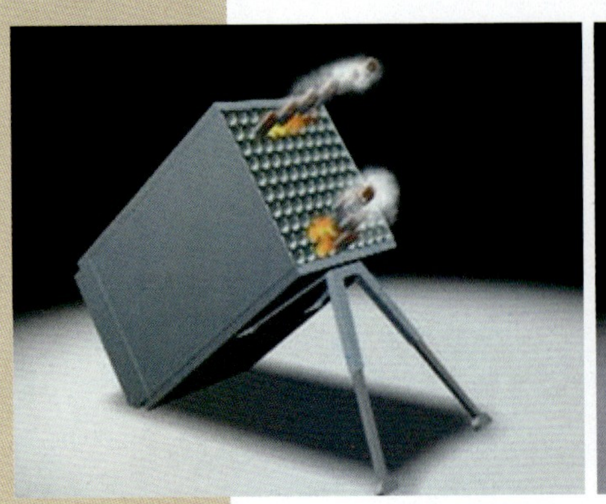
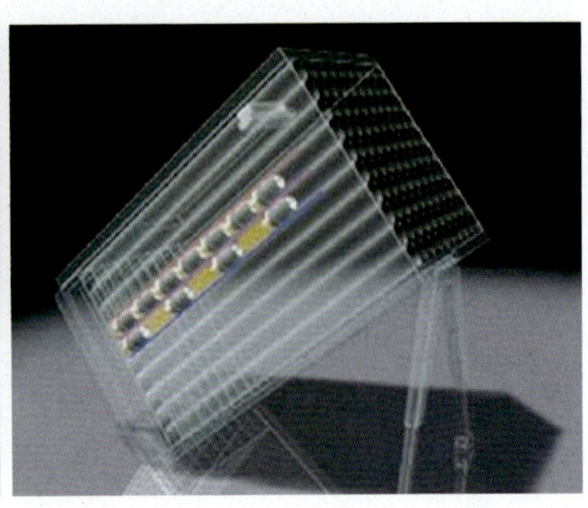

金属风暴武器发射系统

弹药的枪管、电子脉冲点火节点、电子控制处理器等组成。一定数量的弹丸装在枪管中，弹丸与弹丸之间用发射药隔开，弹丸在前，发射药在后，依次在枪管中串联排列；对应每节发射药都设置有电子脉冲点火节点，电子控制处理器用来控制各个枪管的发射顺序及每节发射药的点火间隔。发射时，通过电子控制处理器控制设置在枪管中的电子脉冲点火节点，可靠地点燃最前面一发弹的发射药，发射药燃烧后产生的火药燃气推动弹丸沿枪管飞出枪口。前一发弹丸离开枪管后，后一发弹的发射药即可点火。由此，每发弹丸按照顺序从枪管中发射出去，射速可达每分钟 100 万发。

（六）变体弹药

变体弹药是指在飞行过程中可以改变飞行形状的小型飞行器。常见的变体形式包括变翼长、变后掠角、变面积。对智能化弹药来讲，目前最常用的是可展开弹翼。弹翼形变早期由机械装置实现，后期致力于由具备特殊功能的材料实现。

弹翼变形技术在智能化弹药中主要应用于各类巡飞弹。如英国“火影”巡飞弹采用机械弹翼变形技术。目前最新的弹翼变形技术是充气弹翼技术，例如美国陆军的 “快看”巡飞弹，该弹是美国陆军自 1999 年开始研制的巡飞弹，计划于 2010 年列装。该弹弹长 990mm，弹重 36 ~ 41kg，由战斗部、制导装置、推进系统、控制装置（含弹翼）和稳定装置组成，采用了最新的复合材料、小型大功率发动机、信息传输、多模导引头、制导、导航和控制技术，“快看”巡飞弹最大的特点是采用了充气式侧翼技术。

火影巡飞弹与快看巡飞弹

（七）微小型制导弹药

美国设计的“销钉”导弹重 2kg，导弹长 508mm、弹径 39.9mm、翼展 131mm，动力装置为固体火箭发动机，射程 3200m，是典型的小型化导弹。

美国“销钉”导弹剖视图

目前已知的最小的制导弹药是制导子弹。制导子弹是指加入了制导技术的子弹，通过在弹头中加入光学传感器和尾翼引导，制导子弹可以在飞行中改变轨迹并击中超远距离的目标。制导子弹并不依赖惯性测量装置而且每秒钟能够实现 30 次变向。超级制导子弹还将让狙击手命中高速移动的活动目标，而且在更加严峻的条件下比目前的子弹拥有更远的射程。

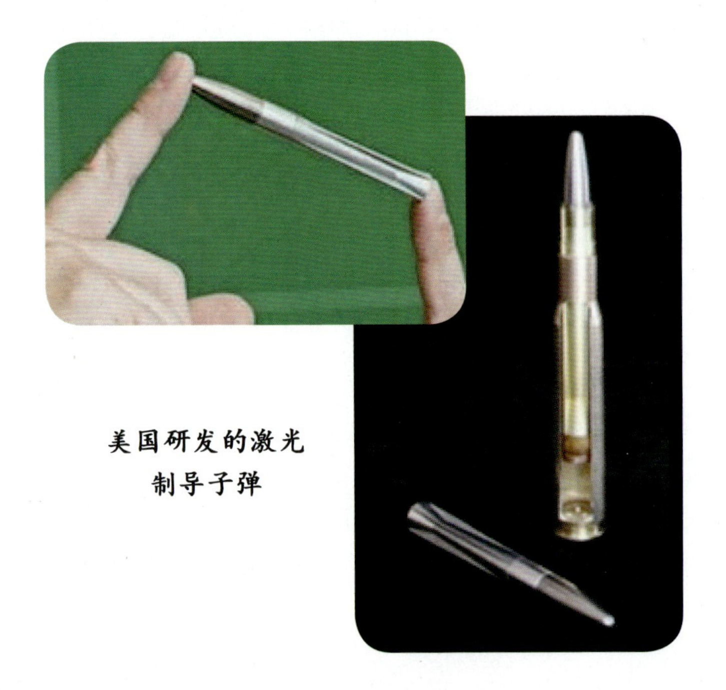

美国研发的激光制导子弹

（八）滞空型弹药

滞空型弹药是为反导拦截和主动防护而研发的一类特种弹药。当发现来袭导弹后，平台可释放多枚滞空弹，这些弹药可在空中悬停，并可呈一定分布规则在来袭导弹的航路上进行布阵，通过弹药数据链进行联网，当网络中的任何一枚弹药发现目标后，均可立刻激活最佳拦截位置上的弹药，由这枚弹药对来袭导弹进行实时跟踪并最终拦截。滞空弹还可以在特定区域进行滞空待机，随时接受指令对来袭目标进行劫杀。来袭目标只要进入滞空弹布下的战阵，就必然会被拦截掉。国外统计滞空弹的拦截概率为100%。

滞空反导拦截弹

（九）仿生弹药

世界上有许多军事发明，都是科学家在探索动物奥秘中得到启迪而发明的。在未来的战场上，当你发现天空中出现一个拍动翅膀的飞行物时，不要以为它肯定是普通鸟类或蝙蝠，它也有可能是一架人工制造的仿生飞行器。随着科学技术的高速发展和人们对自然界认识的不断提高，将会有更多的仿生发明应用于军事科技领域。

智能化弹药领域目前重点发展的仿生飞行器类型是扑翼类飞行器，这类飞行器可惟妙惟肖地模仿鸟类等具备飞行能力的动物。仿生弹药在应用上类似于巡飞弹，可用于在高危战场环境中进行侦察，加装战斗部后便可作为攻击型弹药使用。

模仿蝙蝠的侦察巡飞弹

模仿鸟类的侦察巡飞弹

（十）分导式子母弹药

现在唯一列装的分导式子母弹药是英国“星光”导弹系统。该武器系统 1993 年装备英国陆军，“星光”最初设计为一种单兵便携式快速反应的面对空导弹系统，用以替代“吹管”和“标枪”导弹。在此基础上又发展了三脚架式、轻型车载式、装甲车载式以及舰载式等多种型号。“星光”导弹的战斗部为三个激光制导的子弹药，杀伤概率高达 96%。

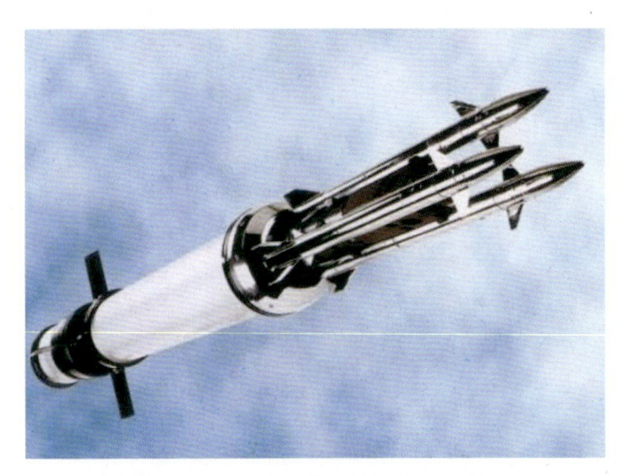

英国“星光”便携式防空导弹

英国目前正计划开发新型的分导式子母弹，该系统命名为“英仙座”。该武器为远程超音速精确导弹，具有反舰和对陆攻击能力。导弹长为 5m，重 800kg。一种设想是要求该导弹在 7min 内打击距离 300km 的目标。“英仙座”导弹系统采用模块化设计，可以多平台发射。它具备反舰 / 陆能力，可以在更加复杂的战术环境中打击机动目标，同时能够保证极低的附带损伤。此外，其模块化设计模式还有助于简化维修操作、支持采用后续的系

欧洲“英仙座”分导式子母弹概念

列化产品。当导弹接近目标时，能够发射两枚40kg的“效应器”，从母弹中弹射出的2枚制导子弹可与母弹一起攻击陆地目标或舰船等大型目标，或者分开打击多个目标。

三、新型弹药技术

（一）新型气动/控制/结构一体化技术

未来新型弹药设计的最高境界应是速度、外形、姿态可任意变化，飞行性能优异。其结构特征是变结构智能控制综合体，其技术特征是智能控制、结构重构、自修复和一体化智能控制。

未来新型弹药气动/结构/控制融为一体，弹药成为一个智能体，根据飞行条件和平台状态弹药的结构随控布局，系统资源重组，保证弹药的性能——操纵性、机动性、隐身性能、安全性等达到最优状态。

美国新研的“战斧”智能弹药从发射器中发射出去之后，3片尾舵及3片卷折式弹翼展开，随后滑翔飞向目标，这种弹药是典型的变体飞行器。

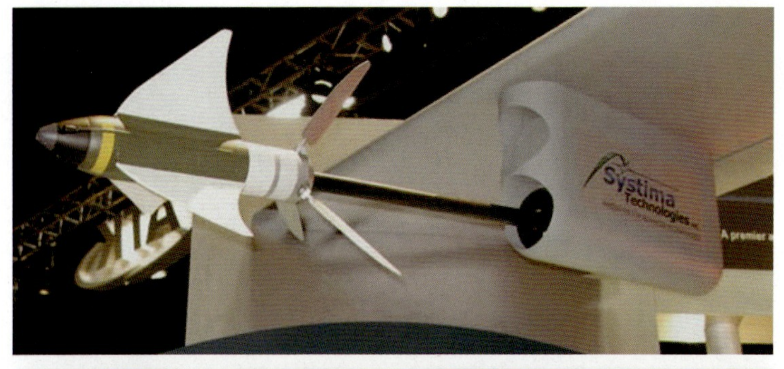

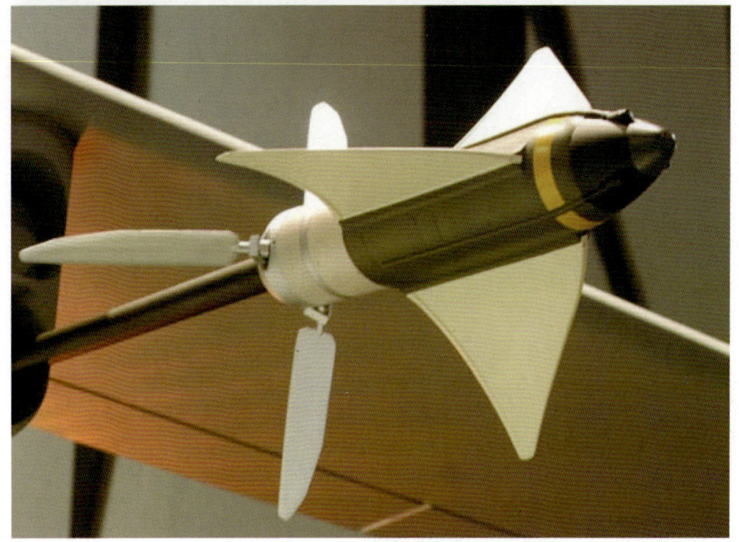

“战斧”小型制导弹药

（二）新型小型化远程动力技术

未来智能化弹药发动机的特点是推力随导弹制导系统的指令变化。装有新型发动机的导弹既可以快速飞向目标，也可以降低速度来获得最佳性能，除增加导弹的射程外，还可以对目标进行更好的感知和识别。变推力固体火箭发动机、脉冲爆震发动机、矢量推力固体火箭发动机、混合动力发动机与组合式发动机都是重要发展方向，相关技术均有可能在智能化弹药动力系统中应用。

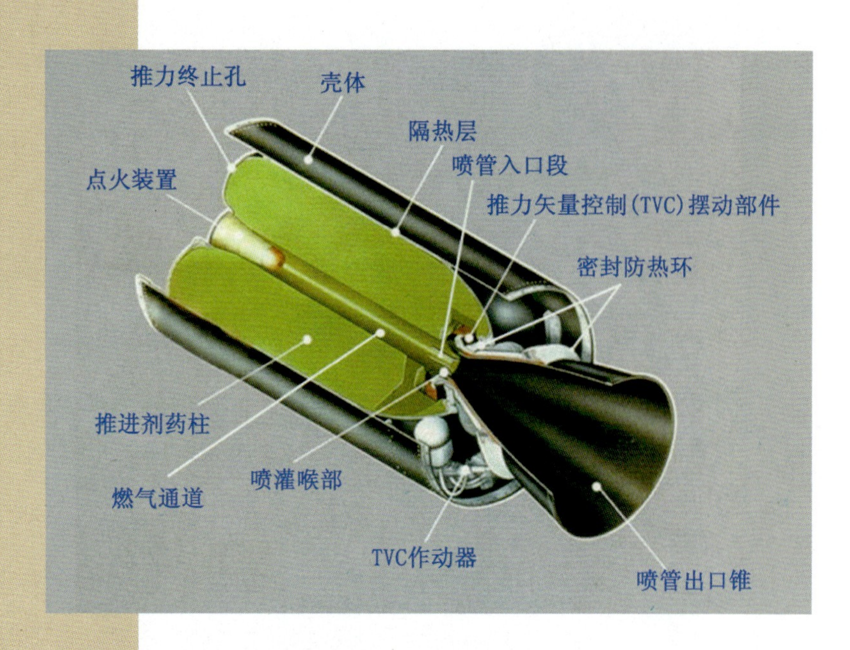

推力矢量固体火箭发动机

脉冲爆震发动机

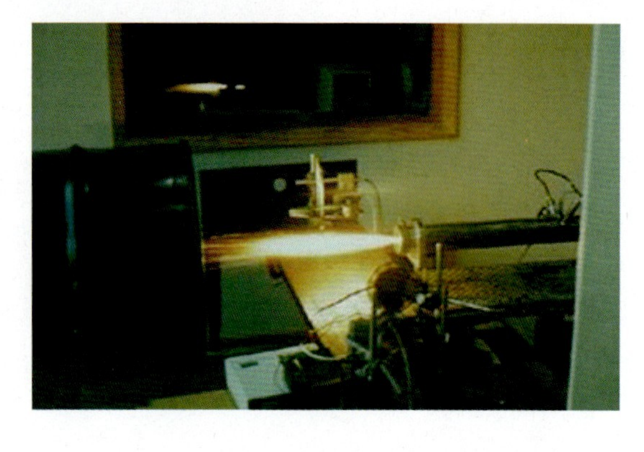

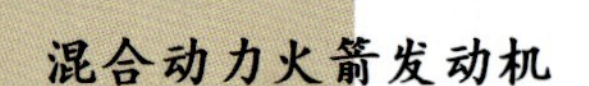

混合动力火箭发动机

组合发动机就是由两种发动机组合而成的发动机。发展组合发动机的目的在于使飞行器在不同的飞行条件下都能得到良好的推进性能。通常可用的组合发动机有三种：

(1) 火箭冲压发动机。用火箭发动机作为冲压发动机的高压燃气发生器，它可以在较大的空气燃料比范围内工作，适宜于超声速飞行。

(2) 涡轮冲压发动机。由涡轮喷气发动机 (或涡轮风扇发动机) 与冲压发动机组合而成，前者的加力燃烧室同时也是后者的燃烧室。涡轮冲压发动机兼有涡轮喷气发动机在小马赫数时的高效率和冲压发动机在马赫数大于 3 时的优越性能。

(3) 涡轮火箭发动机。用火箭发动机作为涡轮喷气发动机的燃气发生器，它的单位迎面推力大，但耗油率高。

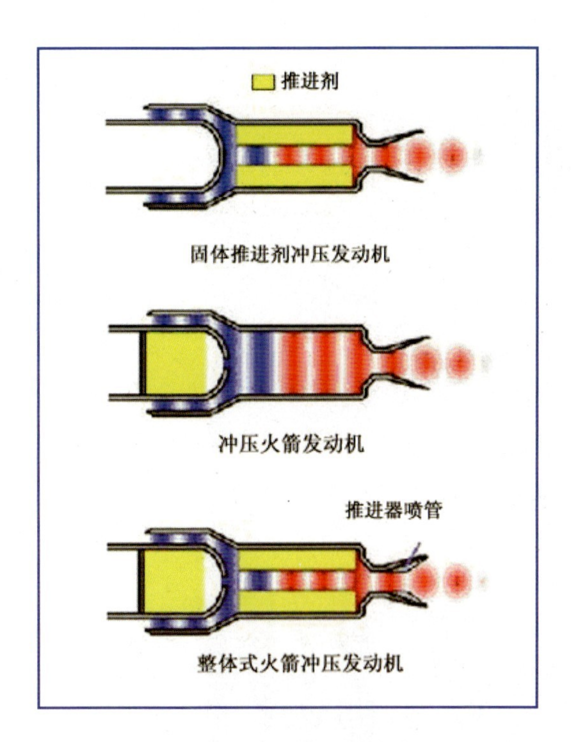

组合发动机原理

（三）新型探测与敏感技术

未来智能化弹药可采用的新型探测方式包括单模多波段探测、多模探测、高光谱探测、超光谱探测和太赫兹近距探测。新型的探测手段将使智能化弹药具备更强的目标识别与抗干扰能力。

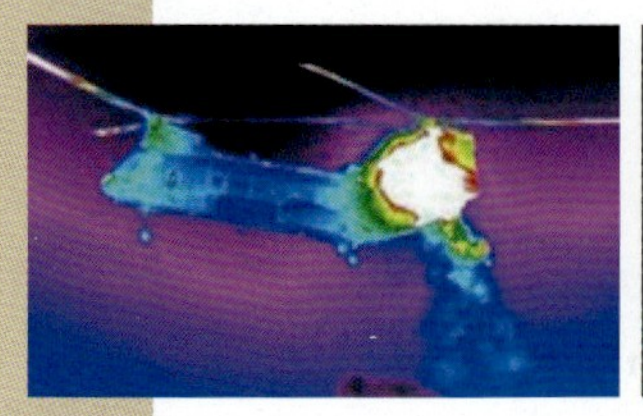

多波段红外探测图像

红外／紫外双色玫瑰扫描成像导引头

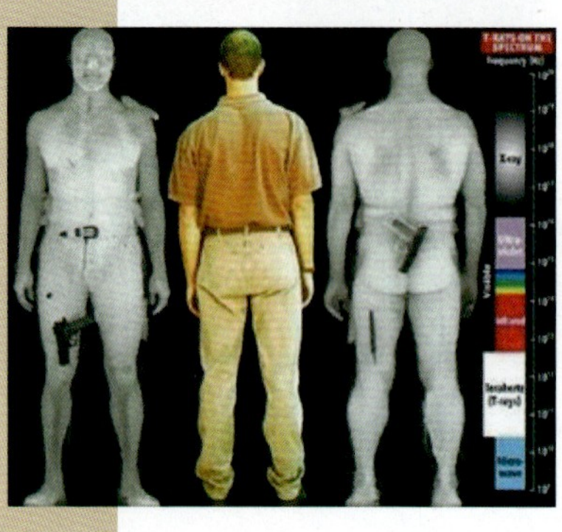

太赫兹成像

多光谱图像信息融合技术也将得到更广泛的应用。多光谱融合成像系统通过利用可见光、红外探测器的空间分辨率、时间分辨率、波谱分辨率，并通过适当的融合处理消除不同光谱图像之间的数据冗余，因此获取的图像兼具可见光和红外光的特征。多光谱融合成像系统可穿透雾霾、烟尘，实现全天候成像。

红外与光学图像融合结果

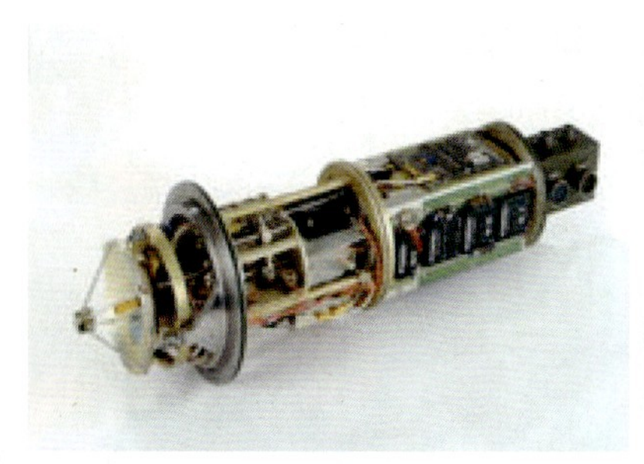

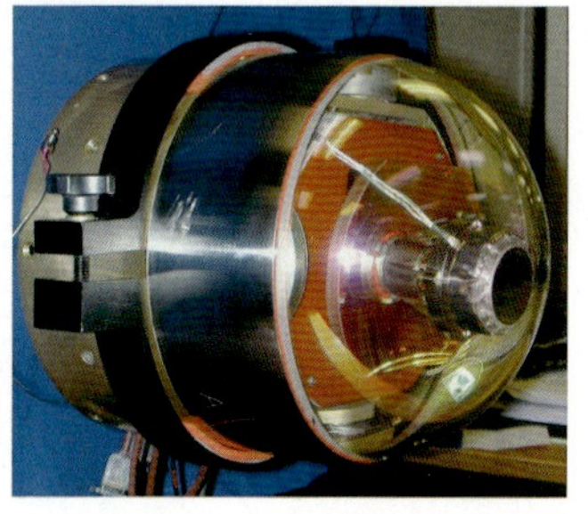

毫米波／红外双模导引头与毫米波／红外／激光三模导引头

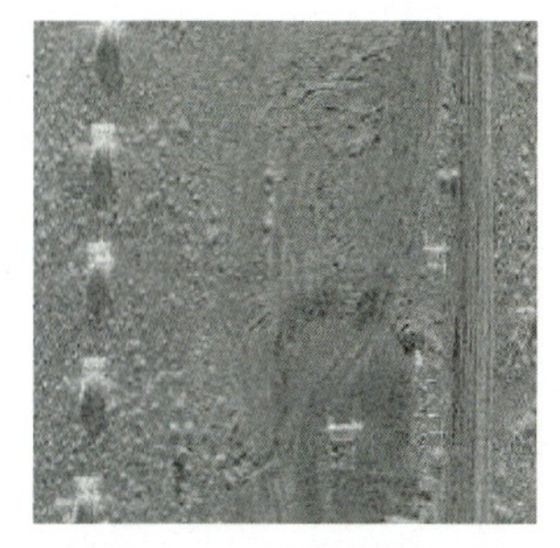

雷达与红外对序列装甲目标的图像融合结果

红外与微光图像融合

（四）新型毁伤技术

智能化弹药的新型战斗部包括定向能战斗部、温压战斗部、多用途战斗部等。

1. 电磁脉冲战斗部

高功率微波武器主要的攻击目标是雷达、通信、导航、计算机、军用电子设备、武器控制及制导系统。由于高功率微波武器几乎可以对付所有现代最先进的武器，在近年来越来越显示出极高的应用价值。高功率微波技术的高速发展，使其在功率上已经达到了武器应用的水平，在军事领域的用途也越来越广泛。电磁脉冲战斗部的核心技术是磁通压缩技术。

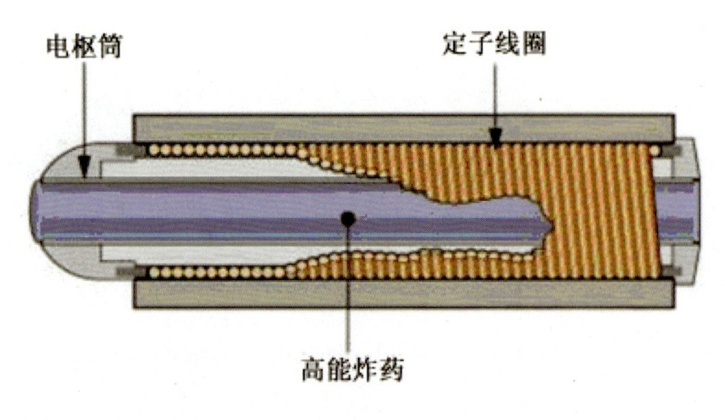

磁通压缩原理

2. 温压战斗部

温压战斗部是一种增强爆破战斗部，引爆时会发生剧烈燃烧，向四周辐射大量热量，同时产生持续的高压冲击波，特别适用于杀伤封闭空间内的人员，而且对建筑物、掩体等目标造成严重破坏。与传统的爆破战斗部相比，温压战斗部在高爆炸药中添加了大量燃料和特殊的氧化剂，燃料通常采用精细研磨的铝粉，也可使用硼、硅、钛、镁、锆、碳粉以及碳氢化合物等，氧化剂往往采用高氯化氨。

温压战斗部

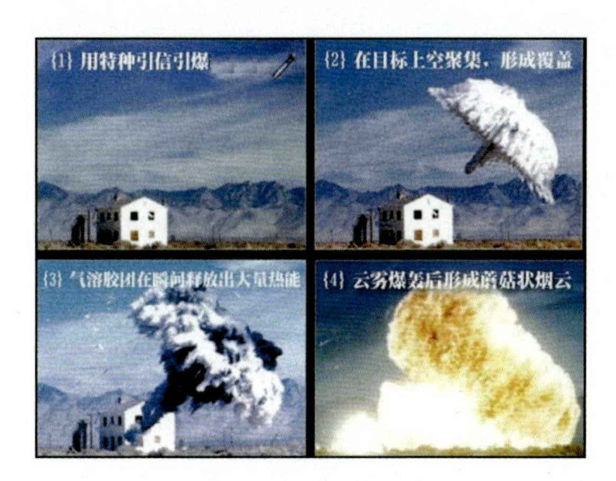

温压弹攻击效果

3. 多用途战斗部

多用途战斗部是一种可以对付多种目标类型的战斗部。未来高技术战争中，步兵需要对付更多、更复杂的目标，诸如用陶瓷、金属和纤维制作的复合装甲，用电磁场或大电流脉冲产生的电瓦解作用，使成型装药射流消散的带电装甲，各种建筑物、掩体、工事等，这些需求促使多用途战斗

部成为未来智能化弹药战斗部的一个重要发展方向。

EADS 公司的德国子公司 TDW 公司设计了一种多用途战斗部，口径约 150mm，将成型破甲装药、穿甲装药和冲击波／破片装药结合在了一起，既能用于破坏重装甲，又能利用冲击波效应杀伤各种障碍物后或建筑物内的有生力量，还可以打击雷达、卡车和直升机等。

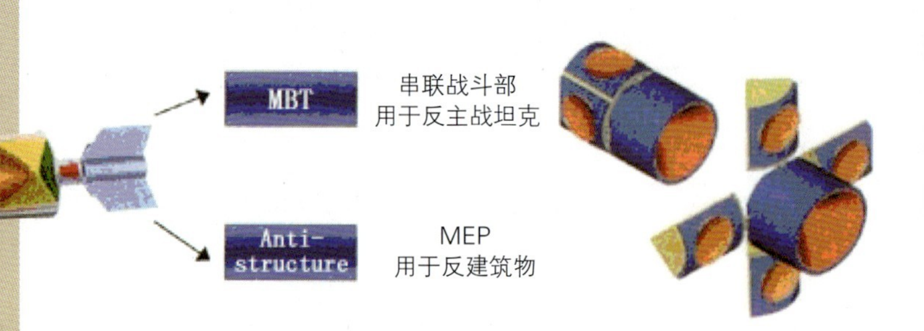

一种新型多用途战斗部

4. 非常规战斗部

最近，在一场展示激光尾场加速器潜力的演示会上，美国能源部下属的伯克利劳伦斯国家实验室的科学家们以及牛津大学的合作者们成功地在 3.3cm 的距离上将电子束加速到 1GeV 以上。相比而言，斯坦福直线加速器（SLAC）需要在 3.2km 的距离上才能将电子加速到 50GeV 的能量。由激光脉冲产生的等离子体波中的电场强度则可以达到每米一千亿伏，这足以使伯克利实验小组以及他们在牛津的合作者们在仅为斯坦福直线加速器十万分之一的距离上获得其五十分之一的能量，这个进步是非常巨大的。该技术可用于在微小距离上加速任何带电粒子，虽然目前公布的是该成果可用于制造小型的放射医疗器械，但如果将这一技术用于制造武器，则微型的核聚变战斗部、射线战斗部、中子战斗部、电磁脉冲战斗部都是可能的。

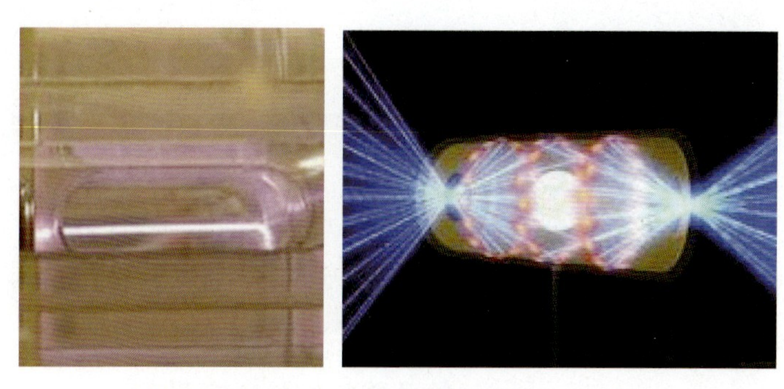

微型激光等离子体尾场加速器及原理

（五）电子信息技术

为了与武器平台和其他弹药之间沟通制导信息，精确弹药也需要装备数据链，智能化弹药的发展离不开电子信息技术的发展。现代弹药数据链的功能更多，尤其是对远程武器、待机时间较长的弹药，数据链的应用越来越多。除了具有飞行中重新瞄准能力，弹药数据链还具有作战毁损评估功能。

战术瞄准网络技术是下一代数据链的代表，其优势主要体现在：首先，它与 link 16 互不干扰；其次，容量仅次于移动自组网，克服了网络计划编制方面的诸多问题；第三，最多可以容纳 2000 个成员，达到大型网络规模。最近的测试表明，其网络容量高达 10Mb/s，信息延迟为 1.7ms，网络管理协议更新速率和新用户进入移动自组网的时间均为 3s，作用距离 121 海里，每个用户可以使用的通信容量为 2.25Mb/s。

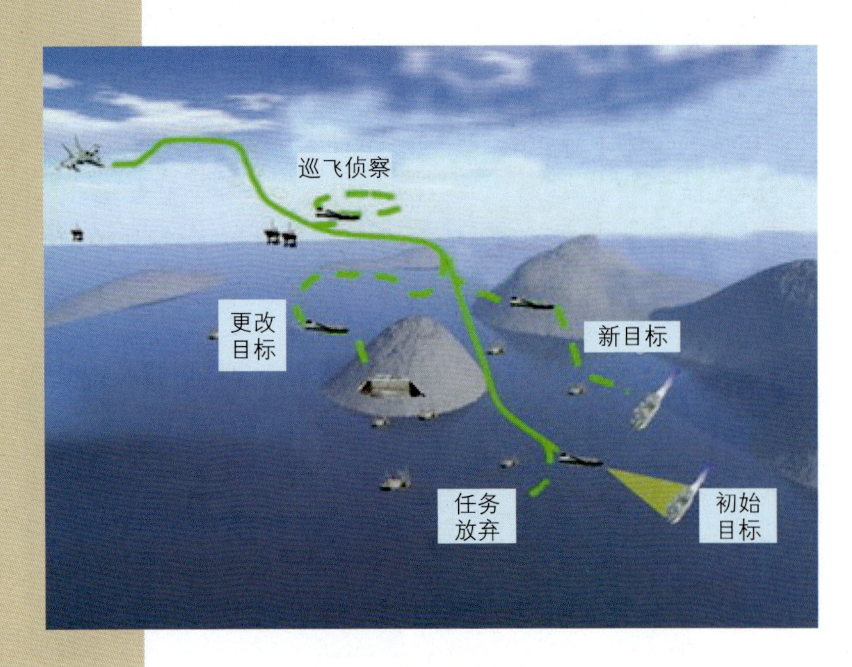

新型弹药数据链应用

（六）新材料与新工艺

1. 新材料

轻金属在智能化弹药上的应用不可或缺，目前世界上最轻的固体金属材料压在蒲公英上面，也不会损坏蒲公英的绒毛。这种新材料99.99%的成分都是空气，重量是聚苯乙烯泡沫塑料1/100，密度仅为0.9mg/cm^3。另外，这种材料具有超强的耐压性，在被压缩超过50%后几乎能完全恢复，并且还有“极高的能量吸收”属性。新型轻金属的应用将会使智能化弹药变得更加轻巧。

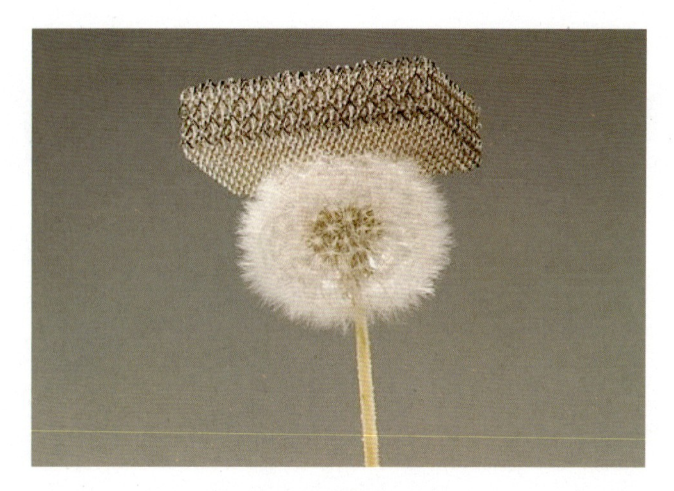

世界上最轻的金属

碳纤维也是一种十分适合于制造轻质弹药的材料，应给予足够的重视。

碳纤维复合材料

形状记忆合金是能将自身的塑性变形在某一特定温度下自动恢复为原始形状的特种合金。形状记忆合金可以用于制造智能化弹药的变形弹翼或其他需要形变的结构。

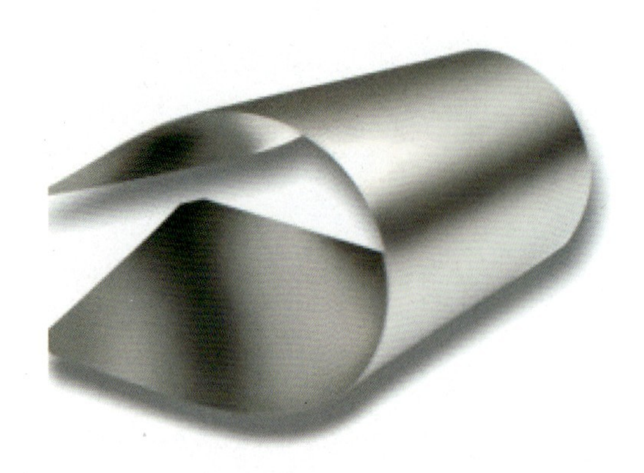

形状记忆合金

2. 新的加工工艺

激光立体成形（3D 打印）技术发源于军方的“快速成型”技术，是一种由计算机辅助设计通过成型设备以材料累加的方式制成实物模型的技术。其操作原理与传统打印机很多地方是相似的，它配有融化尼龙粉和卤素灯，允许使用者下载图案。打印时，它将设计品分为若干薄层，每次用原材料生成一个薄层，再通过逐层叠加“成型”。目前，3D 打印技术已经可以实现手枪的一次成型加工，在航空零件的加工上也有大量应用。

激光立体成形技术能够直接从 CAD 数据生成三维 (3D) 实体零件，可以实现高性能复杂结构致密金属零件的快速、无模具、洁净成型。这项技术尤其适用于复杂结构零件的整体制造，在智能化弹药技术领域具有广阔的应用前景。

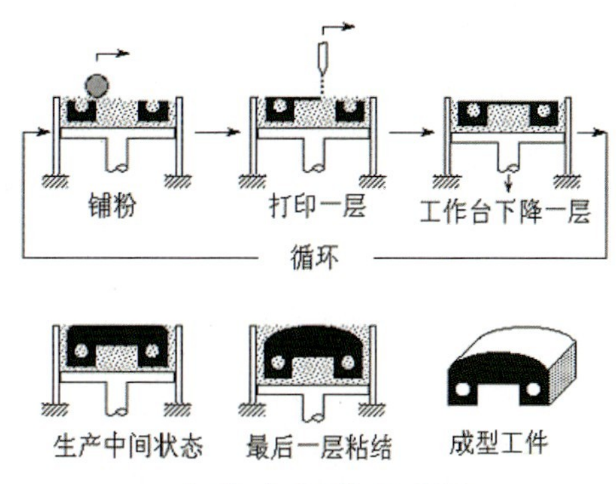

3D 打印机结构及原理

3D 打印机打印的手枪

四、智能化弹药的发展展望

（一）新武器概念开发和高新技术应用有机融合

在第二次世界大战后的60年间，世界智能化弹药的发展十分活跃。世界大国，总是牢牢把握智能化弹药的时代需求特点，和新技术在武器系统中的运用，抢先研制装备了引领时代的先进武器装备，不断抢占智能化弹药发展的战略制高点，时刻掌握着战争的主动权。究其原因，关键就在于智能化弹药拥有广阔的新武器概念开发空间，在新武器概念开发的过程中拥有广阔的高新技术成功应用空间，尤其是在新武器概念开发和高新技术成功应用的有机合成中拥有广阔的融合空间。

一方面，反坦克导弹不断改进发展，尤其是换代发展，非常迅速，以至于反坦克导弹这种武器概念都在发展中得以升华，变成了反坦克多功能导弹；另一方面，在常规弹药制导化和“防区外打击”需求牵引下，制导弹药多门类、多品种发展日新月异。由于反坦克多功能导弹和各种制导弹药的新武器概念开发和高新技术应用有机融合的目标十分清晰，60多年来，各种主战装备发射平台几乎都装备了各自发射的导弹和制导弹药，比如，20世纪50—60年代的第一代反坦克导弹，70年代的第二代反坦克导弹，80年代的坦克炮发射炮射导弹、直升机发射空地导弹，以及身管火炮发射末制导炮弹，90年代的火箭炮发射陆军战术导弹，开纪年代的火箭炮发射制导火箭弹、身管火炮发射末敏弹，以及无人机发射小导弹等。

新型智能化弹药都是新武器概念开发和高

新技术成功应用的有机融合的产物，由于武器概念新、所用技术新，一旦研发成功装备部队，就能改变现代陆战的局部形态。例如，20世纪80年代，美国陆军不仅有射程1km的“龙”近程轻型反坦克导弹、射程3km的“陶”远程重型反坦克导弹，还有射程8km的“海尔法”直升机发射空地导弹，而且构成了远近结合、空地结合的反坦克火力配系，世界军事技术发达的其他国家只有射程3~4km的反坦克导弹，没有8km射程的空地导弹，战事一开，美国陆军可用武装直升机的空中高机动和射程优势，取得先机，别的国家没有可与其抗衡的装备，只有被动挨打。再例如，俄罗斯陆军为坦克装甲车辆都配装了炮射导弹，炮射导弹的射程是常规坦克炮弹的2倍以上，在坦克直接对抗中，俄军炮射导弹就有可能在敌方坦克开炮之前赢得先机。

美国通用动力公司120mm滚转控制制导迫击炮弹

21世纪开纪年代以来，随着世界主要国家智能化弹药体系雏形的建立，新武器概念开发和高新技术应用有机融合的范围更加广泛，不仅要补缺完善，而且要换代优化，20世纪80年代远近结合、空地结合反坦克火力的配系概念已经在智能化弹药体系的层次和高度上急剧深化，一个打击纵深300km以上、射程无缝连接的智能化弹药对地精确打击装备体系已经成为世界强国争雄博弈的舞台。

智能化弹药新武器概念的开发是一个非常艰苦的过程，一种新武器的概念是否成立，不仅靠成功应用了能够体现新武器概念的高新技术，更要依据这种武器概念，和高新技术有机融合而研发成功的新武器真正变成部队新装备并有效使用。美军的“橡树棍”炮射导弹，

美国与以色列联合研制的双模制导迫击炮弹

1967年列装，随着发射平台“谢里登”坦克的退役，1971年就停产退役了。充分说明“橡树棍”这种炮射导弹的新武器概念开发是不成功的。不论是美军，还是苏军，从20世纪80年代以来都推出过一些智能化弹药新概念，有的已经云消雾散，至今也没有得出结论，也正好佐证了智能化弹药新武器概念开发的艰巨性。

世界智能化弹药的发展实践表明，一种新装备开始研制之前，总有一个新武器概念开发和适宜高新技术成功应用有机融合的过程，这就是技术创新；同样，也总有一个新武器概念开发和主要战术技术指标论证过程，这就是需求创新。只有技术创新和需求创新良性互动，新型智能化弹药开发才会有速度和力度，新武器概念开发和高新技术应用的有机合成是技术创新和需求创新良性互动的原动力。

（二）制导技术的创新将促进新一代智能化弹药的发展

不论智能化弹药有多少门类、多少品种，也不论各种智能化弹药有各自不同的战术技术要求，凡列装使用的智能化弹药装备总是以其精度、射程、威力、重量和成本等五位一体的综合作战效能而令人青睐，究其原因，就是智能化弹药在发展中特别注重其核心技术的发展，即制导技术的创新发展。制导技术的不断创新与发展，对推动和实现智能化弹药与时代同步的发展，以致引领时代的发展，都起到了举足轻重的作用。

从20世纪50年代反坦克导弹开始列装起，到21世纪开纪年代美军、俄军基本建成智能化弹药对地精确打击装备体系止，近60多年来，制导技术成就了四代装备。这就是：20世纪50—60年代的目视瞄准跟踪、手柄操控制导的制导技术，即智能化弹药的第一代制导技术，由此成就了第一代反坦克导弹；20世纪70—80年代的光学瞄准、红外跟踪、三点法导引、半自动制导的制导技术，即智能化弹药的第二代制导技术，由此成就了第二代反坦克导弹；随着智能化弹药从反坦克导弹一个门类拓展增加了直升机发射空地导弹，尤其是出现压制火炮发射的制导炮弹和灵巧弹药等新门类，开始了智能化弹药体系雏形的发展，20 世纪 80—90 年代成熟并应用了激光半主动导引制导技术，即智能化弹药的第三代制导技术，由此形成的智能化弹药称为第三代导弹和制导弹药；随着智能化弹药门类与品种的进一步拓展，出现了火箭炮发射的制导火箭弹和陆军战术导弹，乃至无人机发射空地导弹等，逐渐形成了智能化弹药体系雏形；21 世纪开纪年代，成熟并应用了毫米波、红外成像自动导引和微机电惯导技术，即第四代制导技术，由此形成的智能化弹药称为第四代导弹和制导弹药。目前第四代制导技术正在快速应用发展中。

就第四代制导技术在美军的快速应用发展而言，美军的“标枪”是红外成像全主动导引的单兵便携导弹，美军的“海尔法”是直升机发射、毫米波全主动导引的空地导弹，美军的“神剑”是 GPS/MINS（全球卫星定位 / 微机电惯导）制导、155mm 火炮发射的制导炮弹，美军的 XM30 和 XM31 是 GPS/INS 制导、多管火箭炮发射的制导火箭弹，美军的“战术导弹改进型”是 GPS/INS 制导、战斗部内装“蝙蝠”末制导子弹药、多管火箭炮发射的“陆军战术导弹”。

显然，在21世纪开纪年代，美军基本建成的智能化弹药体系中与时代同步的制导技术就是导引头+GPS/MINS。而且，随着时代的进步，制导技术发展有了新特点，就精度而言，反坦克导弹是战场上直接与坦克对抗的，必须直接命中；而压制火炮是一种炮火支援武器，它所发射的制导炮弹，受效费比的制约，命中精度可以有一个范围。这就强化了非直接对抗的智能化弹药的作战效能，例如，火箭炮发射的火箭弹，常规火箭弹的密集度极不理想，采用制导技术，只要将其命中精度CEP控制到30m以内，火箭炮一发射，火箭弹就变成了一片钢雨。

在这种追求综合作战效能思想的指导下，智能化弹药体系的发展趋势是：需要直接命中的装备，配导引头和惯导，实现1m以内的命中精度；用不着直接命中的其他装备，为了在敌装备进入火力反应区之前就取得压倒优势，打击精度可以是3 ~ 5m，甚至是10 ~ 30m。一旦适应这种新变化，20世纪80年代成熟的MINS技术就变成了智能化弹药的核心支撑技术。美军的制导炮弹、制导迫弹、制导火箭弹，乃至陆军战术导弹几乎无一例外的都用上了GPS/MINS技术，这是智能化弹药发展60多年来极其明显的特点。

美国“神剑”制导炮弹命中目标瞬间

21世纪开纪年代，国外智能化弹药发展给出了下一代制导技术的发展走向，这就是美国陆军为了实现将工业时代的传统陆军转型为信息时代的现代陆军，在新军事变革大背景下成体系研发陆军信息化武器装备，从2000年2月开始规划“未来部队”的核心装备，其中，“网火”导弹应用的是以“察打一体”为标志的导引头+惯导+链路技术，代表着智能化弹药第五代制导技术的发展走向。

（三）“装甲制胜论”影响着智能化弹药的发展

自从第二次世界大战催生了反坦克导弹以来，在装甲和反装甲这一对矛与盾的交错发展中，苏军的“装甲制胜论”发展理念一直影响着世界智能化弹药的发展。苏军认为：苏联的欧洲部分处于乌拉尔山脉以西的辽阔东欧平原上，无险可守。在这样的国土地貌条件下，能够有效组织进攻与防御的最好方法就是拥有强大的坦克装甲集群，对敌进行大纵深进攻和防御，直至加以消灭。这就是苏军取得第二次世界大战胜利的著名坦克大纵深突击理论。第二次世界大战后一直到苏联解体，“装甲制胜论”发展理念就一直是苏军现代合成战役的基本作战理论。

在“装甲制胜论”发展理念指导下，苏军是新概念装甲装备研制的引领者，T-62、T-72、T-80、T-90 等新型坦克都是苏联领先推出的；炮射导弹、复合装甲、爆炸反应装甲、主动防护系统等装甲防护能力提升也是由苏联引领发展的。在“装甲制胜论”发展理念指导下，苏联将智能化弹药作为强化装甲突击的有效手段，非常重视发展智能化弹药，为以坦克为标志的各种发射平台都研制装备了炮射导弹，而且积极为各种发射平台配装制导炮弹、制导火箭弹和灵巧弹药等制导弹药，旨在强化装甲集群的作战效能优势。显然，正是苏联的“装甲制胜论”引发了美军的“先进装备制胜论”，“装甲制胜论”引导着智能化弹药的快速发展。

装备了“战利品”主动防护系统的
梅卡瓦 MK4 主战坦克

俄罗斯军队继承和发展了苏军的“装甲制胜论”，俄军坚持坦克是战场上与敌近战的主战装备，俄坦克采用炮弹—导弹一体式发射装置，坦克炮既发射穿甲弹等常规炮弹，也发射炮射导弹，由于炮射导弹的射程是坦克穿甲弹射程的 2~2.5 倍，可在敌方坦克尚未进入火力回击区前就赢得战争。“在敌方尚未进入火力回击区前就赢得战争”的“装甲制胜论”发展理念不仅强化了反坦克多用途导弹的快速发展，而且强化了常规兵器制导化的快速发展，进一步增强了对智能化弹药发展的导向作用。

同时，俄军还认为：未来战争将以局部战争和地区冲突为主，常规精确制导武器将成为冲突中的主角。智能化弹药的设计除了采用模块化结构和复合制导外，更要追求军兵种通用的最佳效费比。在这种发展理念指导下，俄罗斯正在探索研制军兵种通用的“竞技神”导弹。

追求军兵种通用“最佳效费比”的设计思想将把“装甲制胜论”的导向作用引向深入。

（四）“先进装备制胜论”主导着智能化弹药的发展

在第二次世界大战中，美制的落后坦克与德国先进坦克的对决惨状，已经烙入美军的灵魂深处，美军牢记使用落后武器作战带来的血淋淋历史教训，“决不与对手进行势均力敌的战争”成为美军矢志不渝的追求，“先进装备制胜论”发展理念一直是美军作战理论的前提。

正是在“先进装备制胜论”发展理念的指导下，从20世纪70年代起，美军的冷战思维一直是按照“以重型部队为主导，以组织大规模军团与敌对国家进行常规战争”的作战理念，实施美、苏军备竞赛，在大纵深立体战、空地一体战、网络中心战、非接触作战等作战理论的指导下，持续不断地研制装备了以精确打击弹药为突出标志的一系列先进装备，先后率先装备和改进了第二代反坦克导弹和固定翼飞机投射的激光制导航弹，研装了直升机发射的激光半主动导引和毫米波主动导引的空地导弹、压制火炮发射的激光半主动导引末制导炮弹、GPS+MINS的制导炮弹，率先使用了红外/毫米波复合敏感的末敏弹，研制了迫击炮发射GPS+MINS的制导迫弹、研制了多管火箭炮发射的GPS+MINS的制导火箭弹，研装了多管火箭炮发射GPS+MINS的陆军战术导弹，等等。

“决不与对手进行势均力敌的战争”导致美军率先装备了一系列的智能化弹药。

1991年海湾战争表明精确打击弹药已经成为战争基本火力，坚定了美军的“先进装备制胜论”发展理念，正如美军所说，海湾战争揭示的现代战争形态是：如果美军没有先进的武器，仅凭伊拉克人的失误，美军无法以前所未有的低伤亡赢得海湾战争。

尽管苏联解体，美国失去了军备竞赛的冷战竞争对手，但2003年的伊拉克战争，精确打击弹药俨然成了伊拉克战争的主战火力，致使美军“先进装备制胜论”更是喧嚣之极。一方面，美陆军野战炮兵司令在2006年4月的美精确打击协会年会上宣布，美陆军野战炮兵已经具备了实现精确打击的条件，正在向精确打击战斗兵种转型；另一方面，美军为了将工业时代的传统陆军转变成信息时代的现代陆军，从2000年起，开始实施转型计划。这个转型计划的核心就是成体系地研发美军信息时代的武器装备。“先进装备制胜论”发展理念正在造就美军信息时代的新武器装备体系。

（五）“网络中心战”理论不断强化智能化弹药的信息特征

“网络中心战”最早由美海军于1997年提出，经过多年的发展，该理论已经被美各军兵种所认可，并在2001年的阿富汗战争和2003年的伊拉克战争中得到实战检验。所谓“网络中心战”，是将分布在不同地域的情报侦察系统、预警探测系统、电子对抗系统、通信系统、指挥控制系统、武器系统和各种作战保障系统等作战要素通过网络融为一体，组成以网络为中心，以通信为基础，以计算机为重点，以武器系统充分发挥效能为目的的“综合作战平台”，协调诸军兵种的联合作战行动，从而大大提高作战效能。

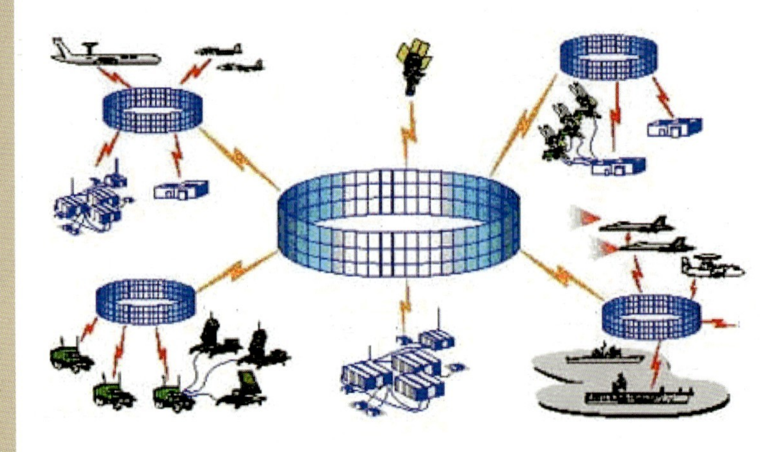

美军网络网络中心战系统组成

在战争的组织与实施的重点方面，提出“效果为本”（也称“基于效果”）的战役、战术理论。这一作战思想近几年来已融入美军装备研发、部队训练及最近几次局部战争。“效果为本”战役、战术理论的主要内容可概括为“一个核心，三种战法”。“一个核心”即“效果为本”。“效果为本”指的是：围绕战役要达到的效果这一中心，制定军事行动方案，确定打击目标，合理配制兵力，运用部队的远程打击力量，对敌方战争意志具有重大影响的政治、军事及经济等战略重心实施快速大规模、高强度的精确打击，从而尽快达成战役目的。“三种战法”指的是并行作战战法、隐形与精确打击战法和速战速决战法。所谓并行作战战法指的是：在打击范围上，在短时间内对敌全纵深范围内的对敌战争意志有重大影响的政治、军事及经济等战略目标进行全面打击。所谓隐形和精确打击战法指的是：在打击兵器上，利用突防能力强、打击精度高的隐身和精确制导弹药，对敌重要战略目标实施全天候、全时段的打击，确保并行作战的顺利实施。所谓速战速决战法指的是：在打击进度上，在短时间内，集中优势力量，以迅雷不及掩耳之势，对敌战略中枢系统进行高强度的打击，达到首战即是决战，决战即是胜战的目的。

新作战理论的特点是带有浓厚的信息化战争的色彩，武器装备的信息化成为未来战斗力的“倍增器”。看一个战争形态的基本特征，首先要看其主导战场的武器装备。以“网络中心战”为代表的信息化战争是以信息化兵器为主导的战争。所谓信息化兵器，主要是由信息化作战平台和信息化弹药构成，信息化弹药主要指精确制导武器，信息化作战平台主要指利用信息技术和计算机技术使作战平台的指挥、控制、打击等功能形成自动化、精确化和一体化。这些信息化兵器往往有着机械化兵器所不具有的巨大作战威力。比如，海湾战争中，多国部队的信息化弹药在其使用的弹药总量中虽然只占7%～8%，但却完成了80%的战略目标的打击任务。而伊拉克战争中，美军的信息化弹药已经占到总弹药量的80%左右。

由新理论所指导的战争进程将比以往任何时候都要快得多。这主要是由以下几个方面的原因所决定的。

（1）从打击目标上看，战争的目标不再是旷日持久的消耗敌方战争潜力的持久战，而是打击敌方战争意志的“攻心战”。在“攻心战”中，战争只需对影响敌军抵抗意志的关键战略目标，如国家首脑机关及主要领导人，进行有限的打击，也可以利用能给敌国军民造成强大心理震憾的手段来迫使敌军“能战而不敢战”。

（2）从兵器使用上，大量的精确制导信息化弹药的使用大大加快了实现战役目的的进程。比如，伊拉克战争美国之所以能够迅速地取得胜利，一个关键的因素就是在“效果为本”理论指导下的大量的精确制导武器的使用。在战争的初级阶段，美英联军动用了大量战机和海上投射平台，对伊拉克各种战略目标进行了大范围的精确打击。在精确制导弹药的使用上，这次战争中所使用的各类精确制导弹药的比例远远超过了以往。

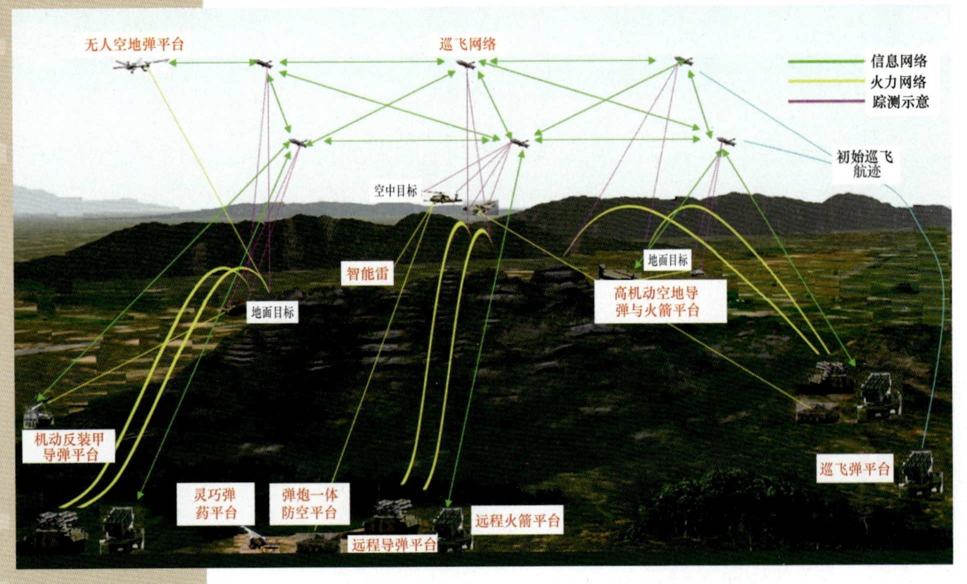

智能化弹药在信息化作战中的应用

（3）新的理论将使发现目标到摧毁目标之间的时间大大缩短。在“网络中心战”模式下，由于战场感知、指挥控制和火力打击已成为一个整体，从发现目标到实施攻击的时差越来越小，近乎实时，指挥员可以根据战场态势的变化，随时对部队的任务进行动态的调整和重新分配，从而最大限度地发挥作战部队的作战潜能。

五、结束语

高新技术的发展已经能够把常规兵器无一例外地变成智能化弹药，而且正在造就新概念智能化弹药。智能化弹药已经成为现代战争的主战装备，美国等西方国家都形成了他们独具一格的智能化弹药体系。展望未来，世界强国必将在新的作战理论和新的装备发展理念的指导下，瞄准火力纵深300km以上、射程无缝连接的新一代智能化弹药体系，应用新一代制导技术和其他高新技术，开展信息化时代武器装备发展的新一轮博弈。

参考文献

[1] 付强，等．精确制导武器技术应用向导．北京：国防工业出版社，2010.

[2] 张忠阳，等．防空反导导弹．北京：国防工业出版社，2012.

[3] 钱杏芳，等．导弹飞行力学．北京：北京理工大学出版社，2000.

[4] 祁载康．制导弹药技术．北京：北京理工大学出版社，2002.

[5] 中国科学技术协会．兵器科学技术学科发展报告．北京：中国科学技术出版社，2009.

[6] 刘兴堂，等．现代导航制导与测控技术．北京：科学出版社，2010.

[7] 周凤岐，等．现代控制理论引论．西安：西北工业大学出版社，1987.

[8] 高为炳．变结构控制理论基础．北京：中国科学技术出版社，1990.

[9] 吴麒．自动控制原理（上、下）．北京：清华大学出版社，1992.

[10] 张红岩，等．末制导炮弹综述．四川兵工学报．2008(29)：6.

[11] 宋新彬．外军精确制导炮弹现状及发展趋势．军事装备．2009.9.

[12] 王伟，等．制导炮弹的优势特点及发展趋势．飞航导弹，2011(7).

[13] 樊启发，等．世界制导兵器手册（第二版）．北京：兵器工业出版社，2012.